Prologue

우리 주변에는 수많은 전기 · 전자 제품이 있다. 또한 밖에 나가면 발전소에서 생산된 전기를 보내는 전선이나 전기로 움직이는 전철 등 많은 전기 제품들로 넘쳐나고 있으며, 눈에 보이진 않지만 전자파도 날아다니고 있다. 그런데 막상 전기에 대해 떠올리면 왠지 어렵게 느껴서인지 거부 반응을 보이는 사람도 적지 않다.

전기에 관한 교육은 초등학생 때부터 시작되는데 처음에는 꼬마전구에 불이 켜지거나 켜지지 않는 것을 통해 전기가 통하는 물질과 통하지 않는 물질을 배운다. 또한 모터를 사용해 건전지의 직렬 연결과 병렬 연결을 배우거나 전자석을 이용한 실험도 한다. 중학생이 되면 전류, 전압, 저항, 옴의 법칙 등 용어나 법칙이 등장한다.

전기가 어렵다고 느끼는 사람은 언제부터 그런 느낌을 받았을까? 시험공부 때문에 전류나 전압을 어렵게 느꼈던 사람이 있는가 하면 언제부터인지 그냥 어렵게 느껴진 사람도 있을 것이다.

하지만 잠깐 생각해보기 바란다. 전기의 세계는 매우 흥미롭고 재미도 있는데 어릴 적 재미없었던 기억 때문에 멀리하기에는 아쉬운 것이다. 이 책은 초보자 수준부터 시작한다.

1장에서는 전기의 형체인 전자나 전압의 개념, 전지의 원리, 전기와 자기의 관계 등 전기와 관련된 기본지식을 대형 일러스트를 통해 이해하기 쉽도록 해설하였다. 2장 · 3장에서는 전기회로를 바탕으로 중급 수준까지 알기 쉽게 해설하였다. 지금부터 전기를 배우려는 학생은 물론이고 언제부터인지 전기를 멀리했던 성인들이 다시 배우거나 현재 배우고 있는 사람들까지 도움이 되도록 구성하였다.

이 책이 전기에 흥미를 갖는 계기가 되거나 다시 배우는 데 도움이 될 수 있다면 그 이상 기쁠 수 없을 것이다.

이과교육연구소

Contents

전기·전자 해부 매뉴얼

이과교육연구소 지음　강주원 감수·애니메이터

GoldenBell

Contents

Contents

Contents

이 책을 사용하는 방법

이 책은 전기에 관한 지식을 시각적으로 구성함으로써 보고 즐기면서 배울 수 있도록 편성되어 있다. 전기에 대한 기본적인 지식부터 전문적인 내용까지 학습할 수 있다. 어떤 페이지이든 간략히 정리한 해설문과 거기에 맞추어 보기 쉽게 일러스트나 그림이 편성되어 있어 전기의 세계와 쉽게 친해질 수 있을 것이다.

테마
각 페이지에서 배우는 제목이다. 각 페이지의 제목에는 그 내용을 간략히 정리한 글이 반드시 게재되어 있다.

QR 코드
페이지에서 배우는 내용을 애니메이션으로 볼수 있다..

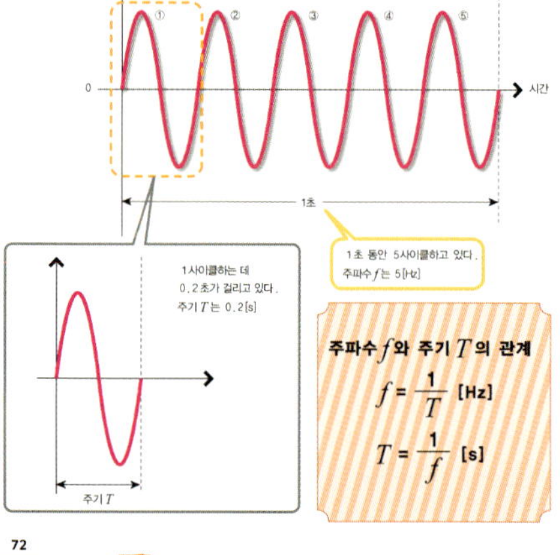

$$f = \frac{1}{T} \ [\text{Hz}]$$

$$T = \frac{1}{f} \ [\text{s}]$$

50[Hz]	60[Hz]
독일	한국
영국	미국
이탈리아	캐나다
스페인	멕시코
프랑스	대만
중국	브라질

해설
전기에 대한 초보적인 분야부터 고등학교 이상의 전문적 지식에 대한 내용을 간략히 알기 쉽게 해설하였다.

칼럼
해설에서 다루지 않았던 보충 내용이나 심층 내용을 칼럼 형식으로 소개하였다.

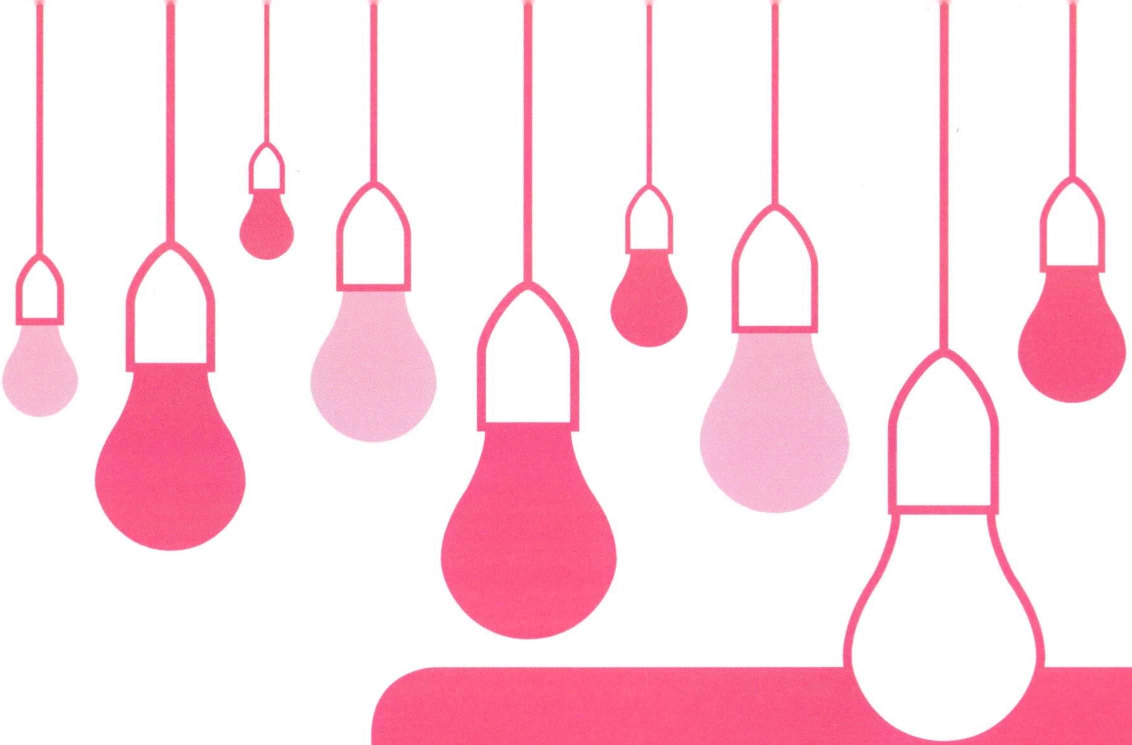

제 1 장 이것을 알면 전기가 보인다.

코일에 전류가 흐르면 자석이 되거나 금속에 전류가 흐르면 뜨거워진다. 왜 이런 현상이 일어나는 것일까? 전기의 정체라고 할 수 있는 전자, 그 전자가 일으키는 작용, 전기와 전자의 관계 등, 전기와 관련된 기본적인 지식을 소개한다.

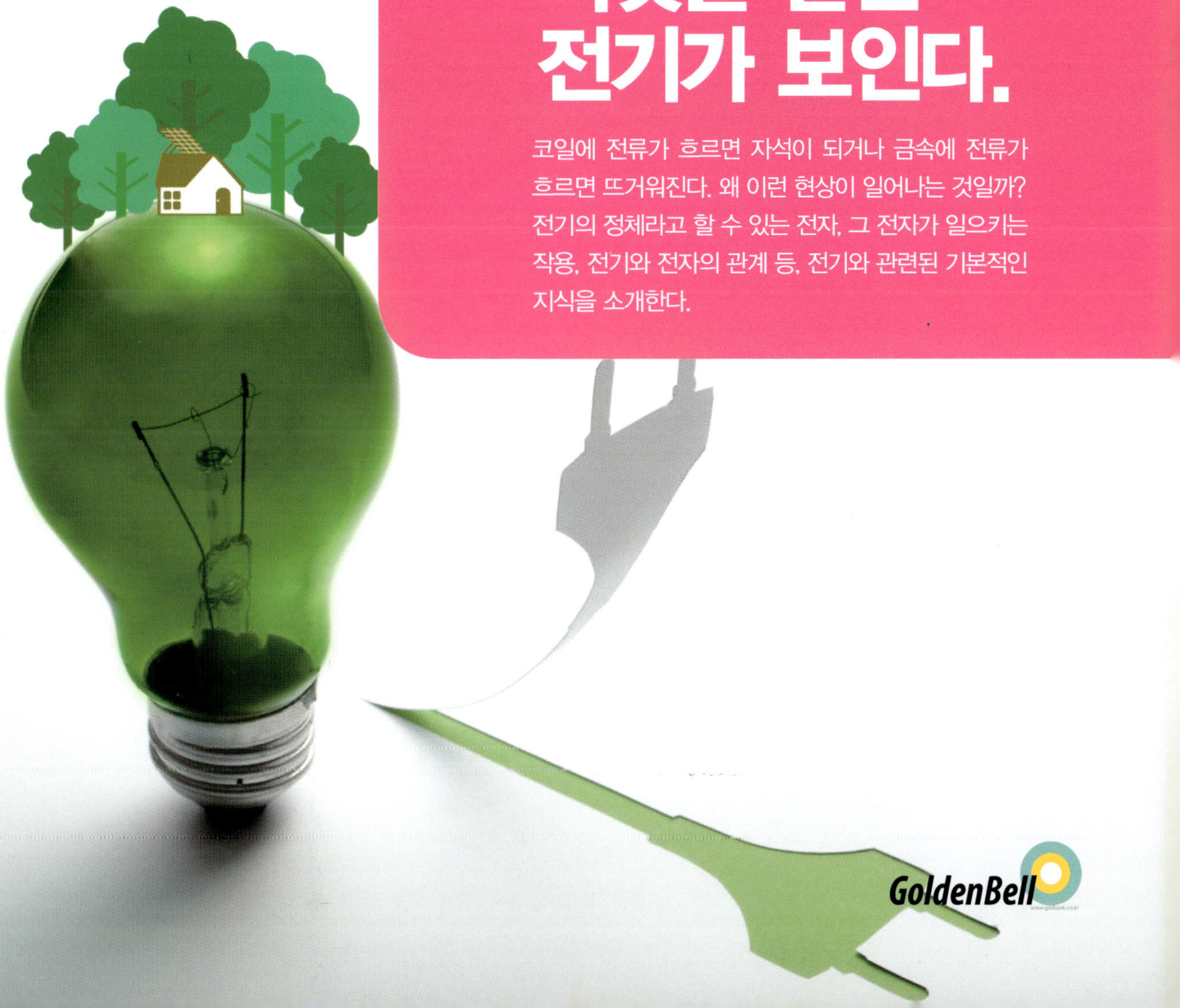

GoldenBell

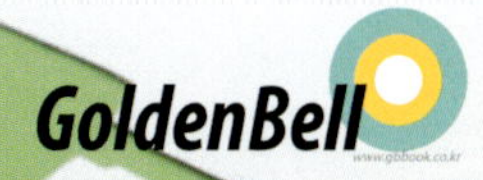

꼬마전구에 불을 밝혀보자.

꼬마전구를 발광시키는 전기의 통로

꼬마전구에 불을 밝히려면 먼저 꼬마전구를 도선이 붙은 소켓에 끼워야 한다. 소켓에서 나오는 도선은 비닐에 덮여 있으므로 건전지와 연결되는 부분의 비닐은 벗겨 놓는다. 2개의 도선을 각각 건전지의 플러스(+)와 마이너스(−) 2개의 전극과 연결하면 꼬마전구에 불이 들어온다.

도선은 전기가 잘 흐르는 금속 다발로 이루어져 있다. 전기는 도선을 통과한 다음 꼬마전구 안의 필라멘트를 지나가며, 다시 도선을 통해 건전지로 돌아간다. 이 전기가 지나가는 길을 **회로**라고 한다.

꼬마전구는 전기가 필라멘트를 통과할 때 빛을 발생한다. 한 군데라도 회로가 끊겨 있으면 꼬마전구는 빛이 나지 않는다.

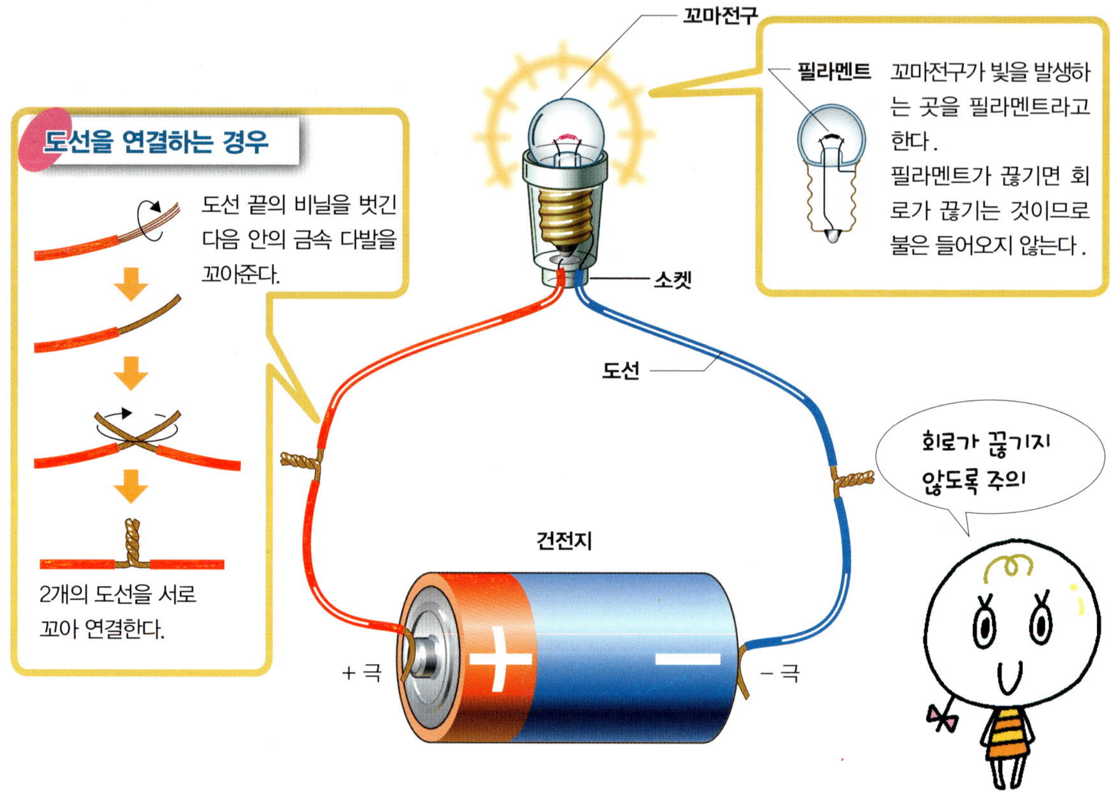

소켓을 사용하지 않는 경우 불을 밝히는 방법

소켓을 사용하지 않아도 꼬마전구에 빛이 들어오게 할 수 있다. 꼬마전구의 끝부분과 소켓에 끼워지는 금속의 홈 부분을 도선으로 연결한다. 그러면 필라멘트와 도선, 건전지를 연결하는 회로가 완성되면서 꼬마전구가 빛나게 된다.

전기가 통하는 물체

회로 중간에 **물체**를 연결했을 때 꼬마전구에 불이 들어오면 그 물체는 전기를 통하는 것이 된다. 철제 스푼이나 알루미늄 호일, 구리로 만들어진 주화를 연결하면 꼬마전구에 불이 들어온다. 하지만 똑같은 스푼이라도 플라스틱 재질로 만들어진 스푼에서는 불이 들어오지 않는다. 유리컵이나 나무 그릇, 도자기 그릇도 불이 들어오지 않는다.

철이나 구리, 알루미늄 등의 금속은 전기를 통과시키고 유리나 나무, 도자기 등은 전기를 통과시키지 않는다. 전기가 흐를 수 있는 물체를 **도체(導體)**, 흐르지 못하는 물체를 「부도체(또는 절연체)」라고 한다.

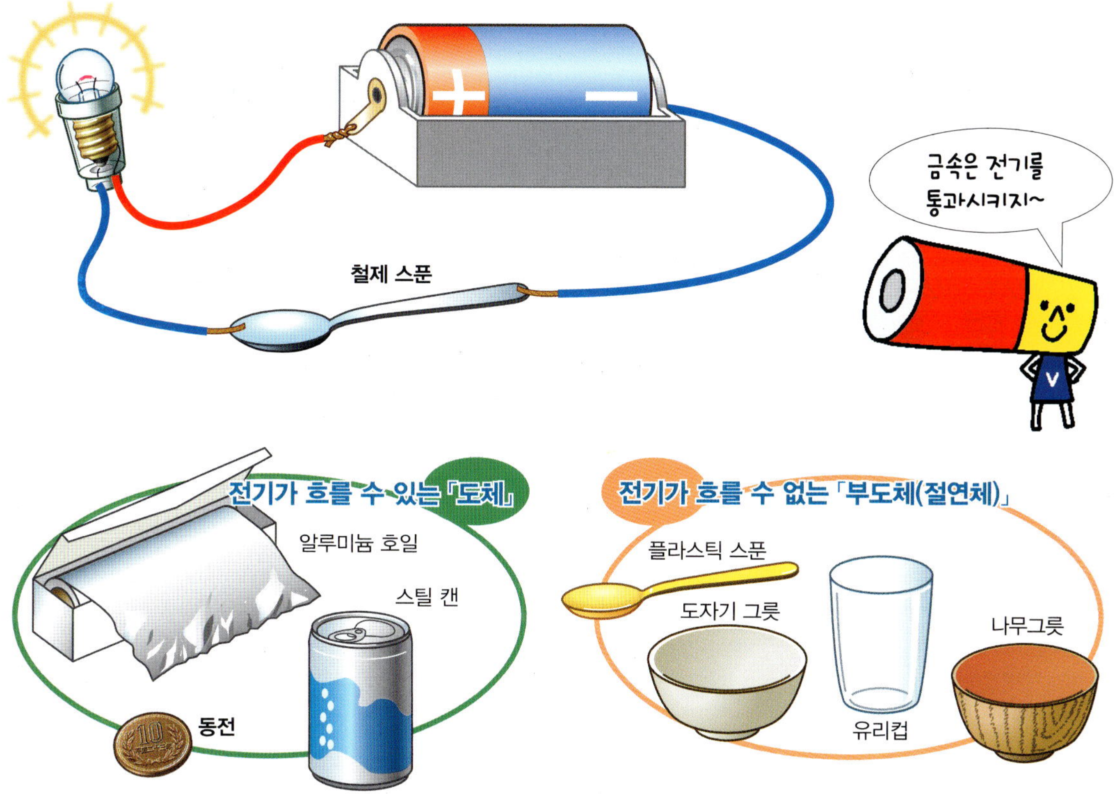

꼬마전구·소켓·도선·건전지 박스에 있는 도체와 부도체

꼬마전구는 필라멘트와 연결되는 끝 부분과 홈으로 이루어진 부분이 금속(도체)으로 만들어져 있다.

소켓은 꼬마전구의 금속 부분과 닿는 곳이 금속으로 만들어져 있고 그 주변은 플라스틱 등의 부도체로 보호되고 있다.

도선은 사람 몸에 닿으면서 감전되거나, 다른 도선과 닿아 단락이 되지 않도록 부도체인 비닐로 덮여 있다.

전지박스는 건전지의 전극이 닿는 부분이 도체로 되어 있고 건전지를 고정하는 부분은 플라스틱 등의 부도체로 만들어져 있다.

이와 같이 여러 부분에서 도체와 부도체를 구분해 사용하고 있다.

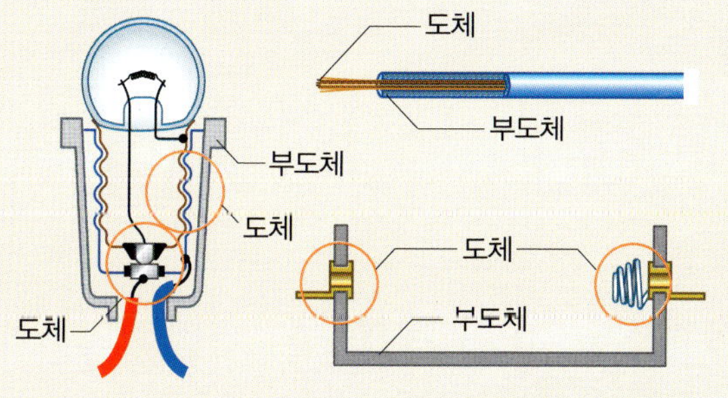

모터를 사용해 자동차를 달리게 해 보자.

전기의 흐름을 전류라고 한다. 전류는 플러스극(+)에서 마이너스극(−)으로 흐른다.

전류에 의해 돌아가는 모터

모터를 사용해 장난감 자동차를 달리게 할 수 있다. 모터는 전기 에너지를 회전운동으로 바꾸는 장치다. 전기는 건전지의 플러스극에서 모터를 지나 마이너스극으로 흐른다. 전기가 모터로 흐르면 모터 안에서 전기 에너지가 회전운동으로 바뀜으로써 모터의 축이 돌아간다. 이 전기의 흐름을 **전류(電流)** 라고 한다.

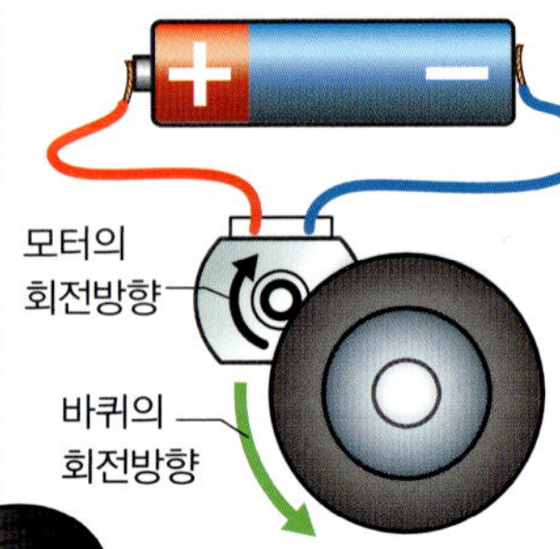

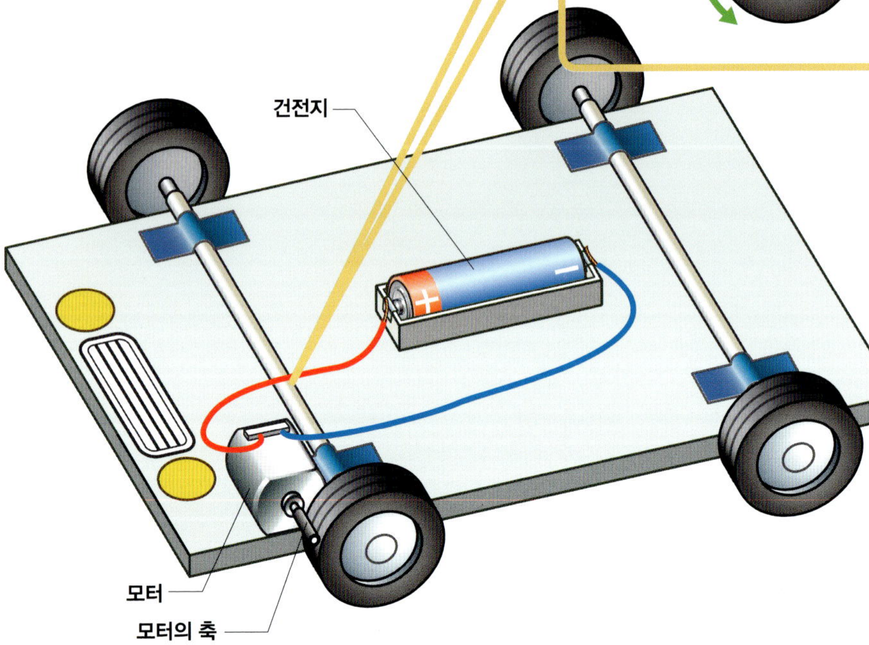

모터의 축은 자동차의 바퀴와 연결되어 있다. 이 때문에 모터 축의 회전운동이 바퀴로 전해지면 바퀴는 모터 축의 회전 반대 방향으로 돌아간다. 이 회전이 자동차를 나아가게 하는 동력이 된다.

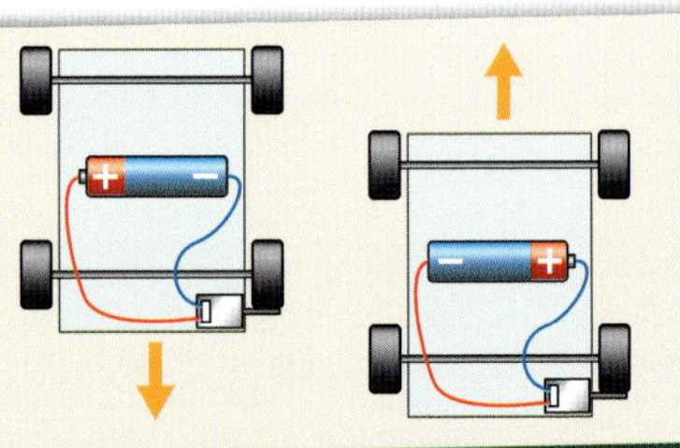

자동차가 달리는 방향을 바꾸는 방법

건전지의 플러스극과 마이너스극을 바꿔서 넣는다. 그러면 모터로 흐르는 전류 방향이 바뀌기 때문에 모터의 회전방향도 바뀐다. 따라서 자동차는 지금까지와 달리 반대 방향으로 움직이게 된다.

모터의 회전을 빠르게 한다

모터의 회전을 빠르게 하려면 모터로 흐르는 전류가 많으면 된다. 전류량이 많으면 모터의 회전수가 높아져 자동차는 빨리 달리게 된다.

전류량을 늘리기 위해 건전지 2개를 사용해 보았다. 건전지 2개의 플러스극과 마이너스극을 연결한 다음 모터와 연결하면 자동차는 빨리 달린다.

하지만 플러스극끼리 마이너스극끼리 연결한 건전지를 모터와 연결하면 빨리 달리지 못한다.

건전지의 플러스극과 마이너스극을 연결하는 방법을 건전지의 **직렬 연결**이라고 하며, 플러스극끼리 또 마이너스극끼리 연결하는 방법을 건전지의 **병렬 연결**이라고 한다.

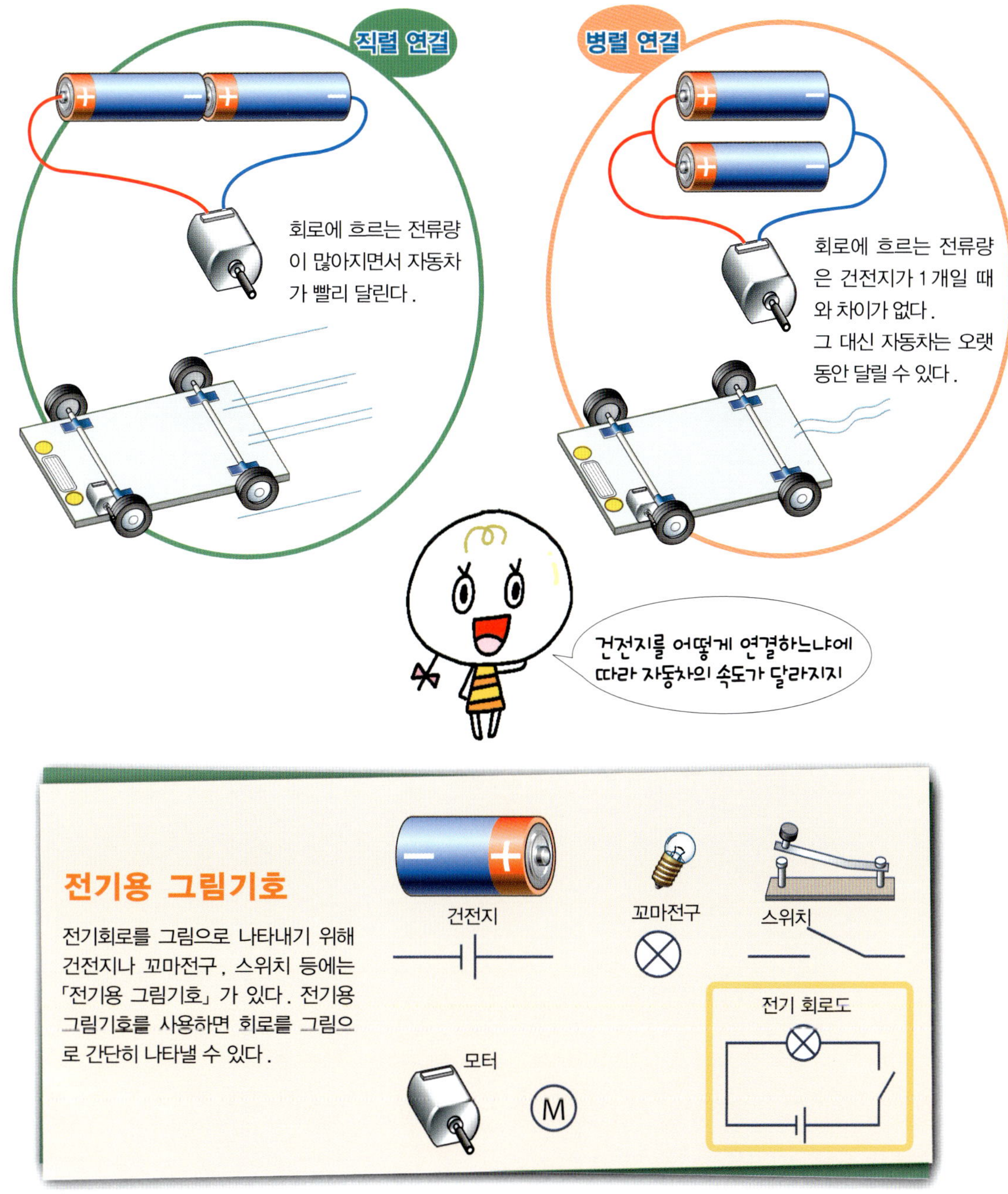

전기를 사용해 자석을 만들어 보자.

전기를 이용한 전자석

　도선을 둘둘 감은 것을 **코일 (Coil)** 이라고 한다 . 이 코일에 전류를 흐르게 하면 전류가 흐르는 동안 코일은 자석과 똑같은 작용을 한다 . 이때 코일에 철제 클립을 가까이 대면 클립이 코일에 달라붙는다 .

　이처럼 전류가 흐름으로써 자석 작용을 갖는 것을 **전자석 (電磁石)** 이라고 한다 .

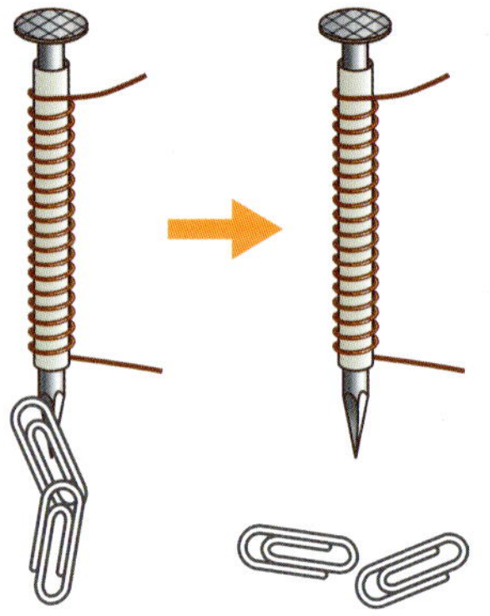

코일은 전류가 흐르는 동안 철제 클립을 잡아당긴다 . 하지만 전류가 흐르지 않으면 당기지 못하게 된다 .

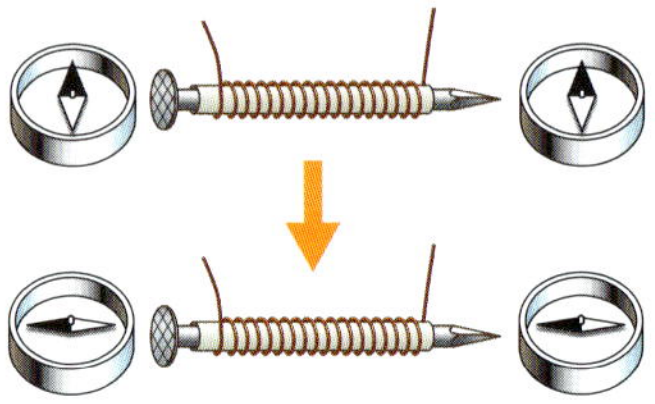

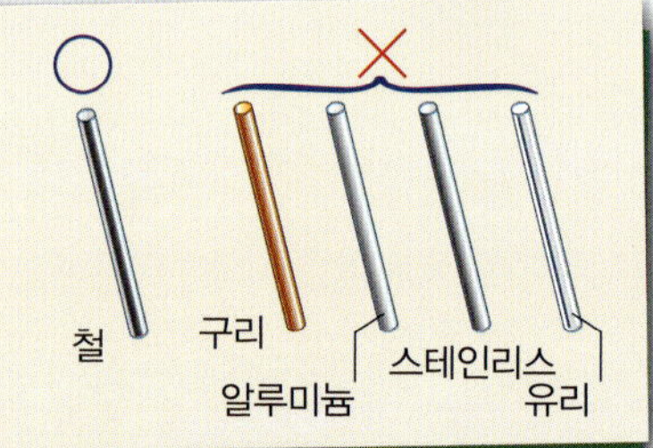

코일의 자석도 일반 자석과 마찬가지로 S극과 N극이 있다 . 코일의 양쪽에 나침반을 놓은 다음 코일에 전류를 흐르게 하면 나침반은 코일의 S 극에 대해 N극을 , 코일의 N극에 대해 S극을 가리킨다 . 또한 코일에 흐르는 전류 방향을 반대로 하면 극도 반대가 된다 .

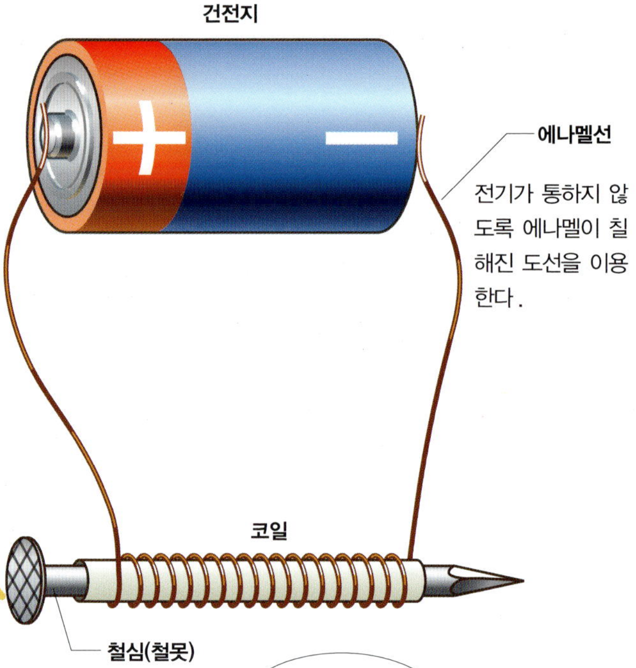

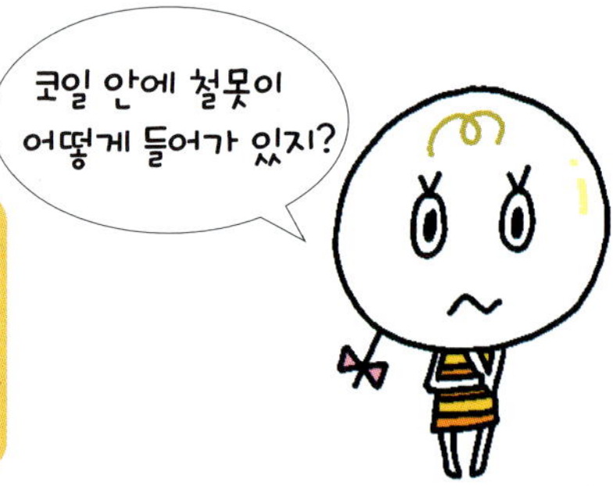

코일에 철심을 넣는 이유

코일에 철심을 넣으면 전자석의 자력 (磁力) 이 강해진다 . 전자석 심으로 적당한 소재는 철이다 . 철은 자기를 쉽게 전달하는 성질이 있다 . 자력을 잘 통과시키는 철을 전자석의 자계 (磁界 p.38) 에 관통시키면 전자석의 자력이 묶여짐으로써 자력이 강해진다 .

전자석의 자력을 강하게 한다

전자석의 자력은 전류가 흐르는 방법에 따라 변화한다. 건전지 2개를 직렬로 연결하면 전자석에 흐르는 전류가 많게 되어 전자석의 자력이 강해진다.

또한 코일의 **권수(捲數)**에 따라서도 변화한다. 자력은 코일의 권수가 많을수록 강해지고, 적을수록 약해진다.

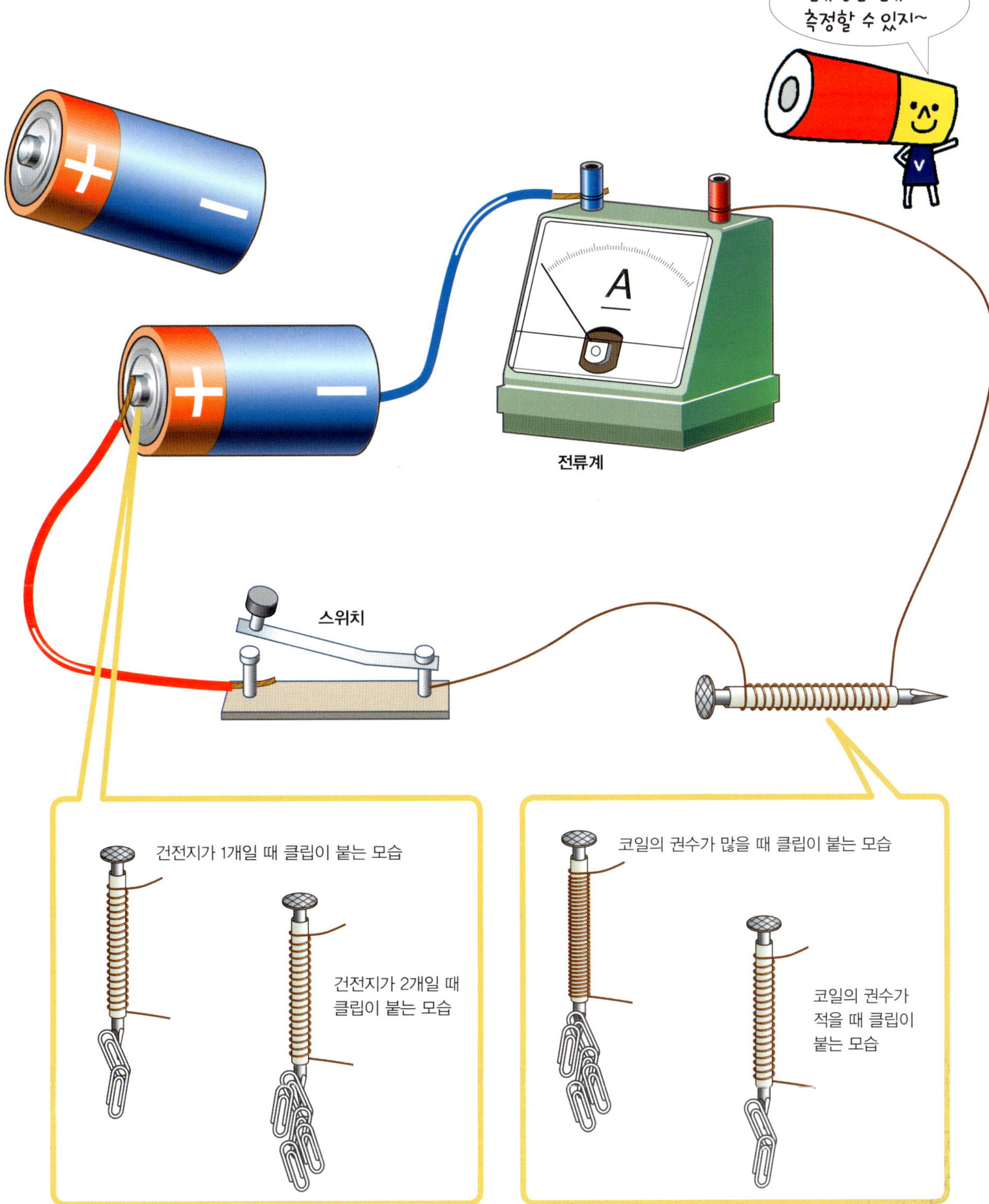

번개를 일으키는 것은 정전기다.

정전기를 발생시키는 방전 현상

번개의 정체는 뇌운에 모여 있던 정전기의 방전 현상이다. 적란운은 수많은 얼음 입자로 이루어져 있다. 구름 안의 격렬한 기류에 의해 얼음 입자가 서로 마찰하면서 정전기가 발생하는 것이다. 대기는 전기가 통하지 않는 절연체이지만 대량의 정전기가 모이면 절연을 부수면서 전류가 대기로 흐른다. 이것을 **방전(放電)**이라고 한다. 이 방전 현상이 번개다. 번개가 지그재그로 지면에 도달하는 것은 절연체인 대기 속을 쉽게 통과할 수 있는 곳을 찾으면서 진행되기 때문이다.

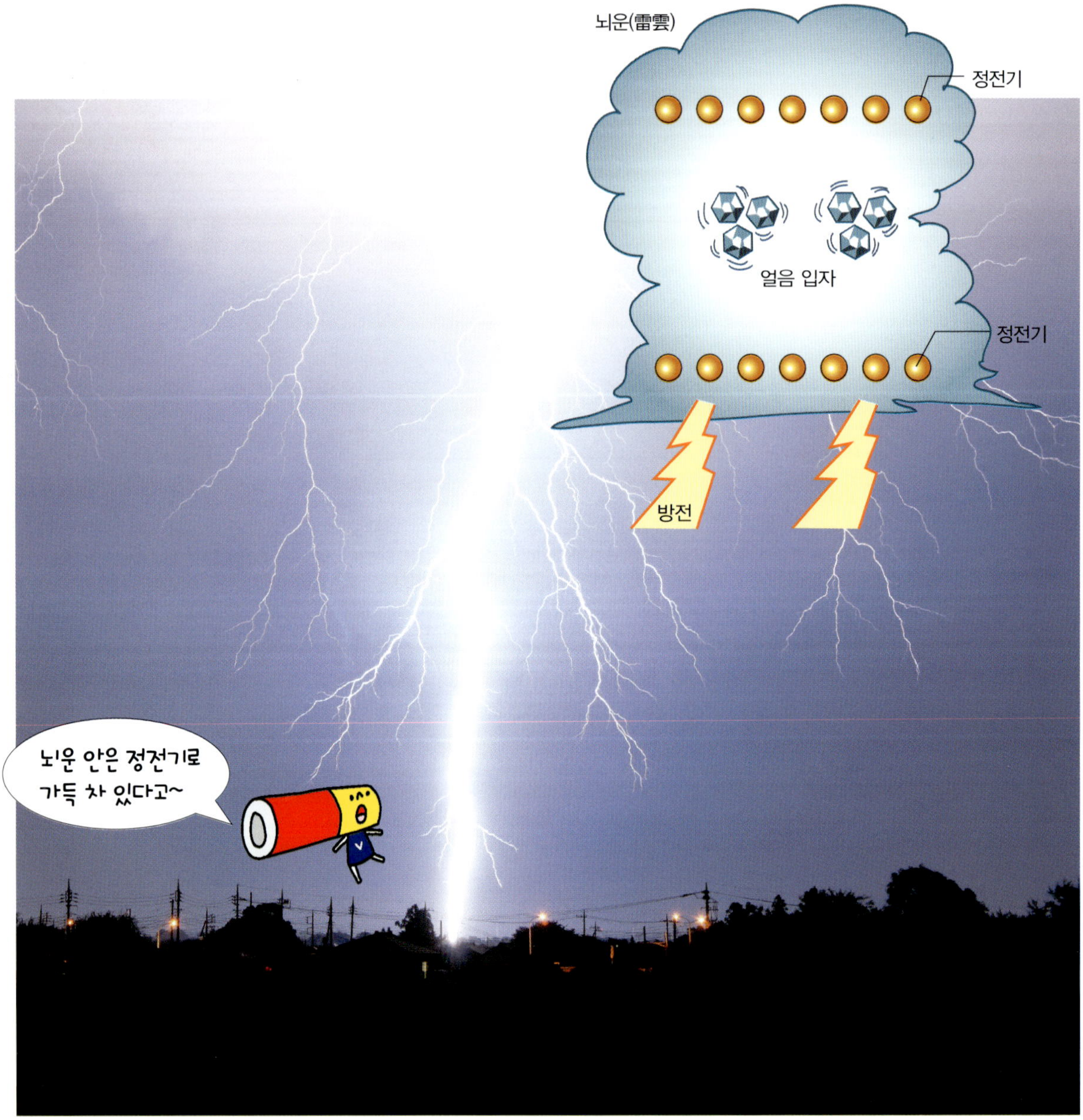

정전기의 발생

절연체를 마찰시키면 정전기가 발생한다. 정전기에는 플러스 전기를 가진 것과 마이너스 전기를 가진 것이 있다. 예를 들면 유리와 면직물을 서로 문지르면 유리는 플러스 전기를 갖고, 면직물은 마이너스 전기를 갖는다. 물질이 전기의 성질을 갖는 것을 **대전(帶電)** 이라고 한다.

한편 도체를 마찰시키면 전기가 바로 사라진다.

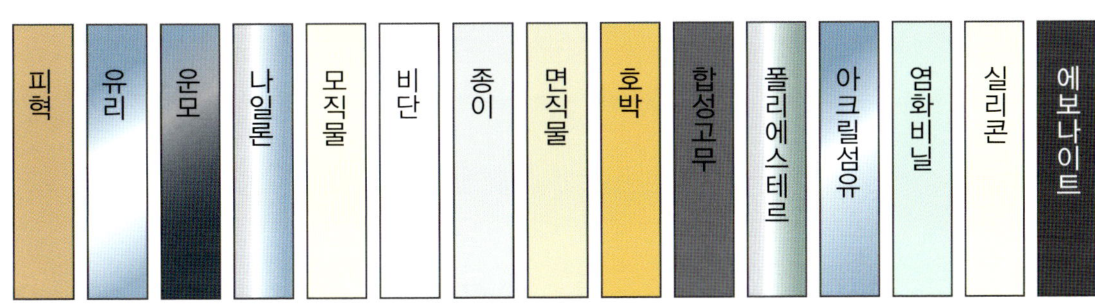

서로 당기는 정전기

머리에 책받침을 대고 문지르면 서로 정전기를 갖는다. 머리카락에는 플러스 전기, 책받침에는 마이너스 전기가 발생한다. 이 플러스와 마이너스 전기가 서로 당기므로 머리카락이 책받침에 달라붙는 것이다. 이처럼 전기는 서로 당기거나 밀어낸다. 전기가 일으키는 이 힘을 **쿨롱 힘** 이라고 한다.

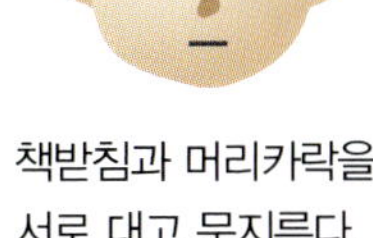
책받침과 머리카락을 서로 대고 문지른다.

책받침이 (−)로 대전
머리카락이 (+)로 대전

(−) 로 대전된 책받침을 위로 들어 올리면 (+) 로 대전된 머리카락도 따라 올라온다.

(−) 로 대전된 책받침을 다른 사람에게 갖다대면 그 사람의 머리카락 속의 (+) 전기가 책받침 쪽으로 이동하고 (−) 전기는 책받침 반대쪽으로 이동한다.

머리카락 안의 (+) 전기는 (−)로 대전된 책받침에 끌려가므로 머리카락도 위로 당겨진다.

전기의 정체(正體)는 무엇일까?

전기의 정체는 원자 안에 있는 양자와 전자의 전하다.

 소립자인 전하

지구상의 모든 물체는 원자 (原子) 라는 작은 입자들이 모여 만들어진 것이다 . 원자의 중심에는 중성자와 양자가 모인 원자핵이 있다 . 이 원자핵 주위에는 양자 수와 똑같은 수의 전자라고 하는 소립자가 돌고 있다 .

소립자란 물질을 구성하는 작은 입자의 모임 중 가장 작은 단위이다 . 양자 , 중성자도 소립자다 . 소립자가 가진 전기적 성질을 **전하 (電荷)** 라고 한다 .

양자는 플러스 전하를 가지며 , 중성자는 전기적 성질이 없다 . 전자는 마이너스 전하를 갖고 있다 .

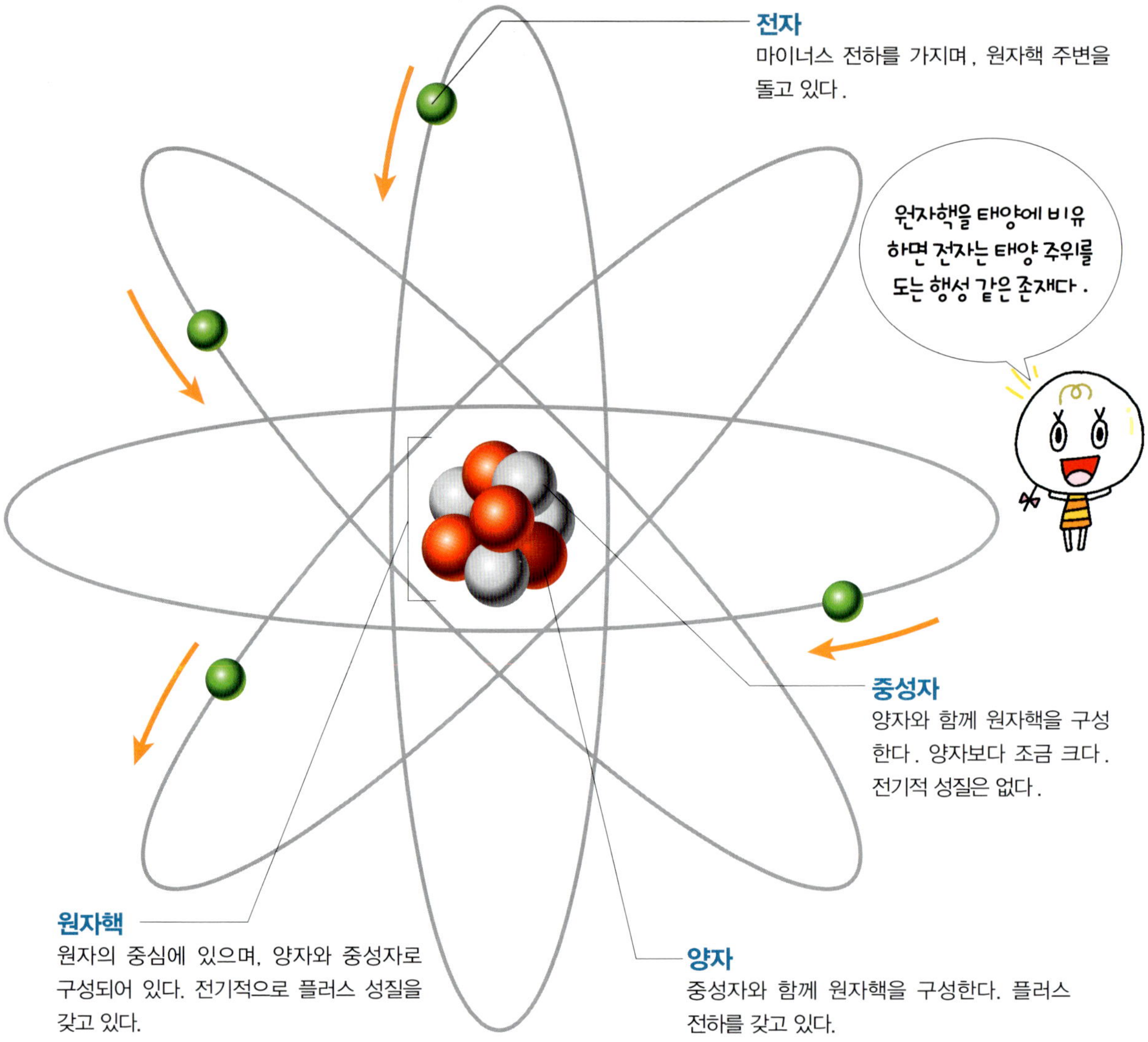

궤도에서 벗어난 자유전자

전자는 보통 원자핵 주위를 돌고 있지만 다른 물체와 마찰하거나 부딪치면 궤도에서 벗어나는 경우가 있다. 궤도에서 벗어난 이 전자를 **자유전자(自由電子)**라고 한다. 전자는 마이너스 전하를 갖고 있으므로 전자가 튀어나가면서 수가 줄어든 원자는 플러스로 대전되고 전자가 옮겨와서 수가 늘어난 원자는 마이너스로 대전된다.

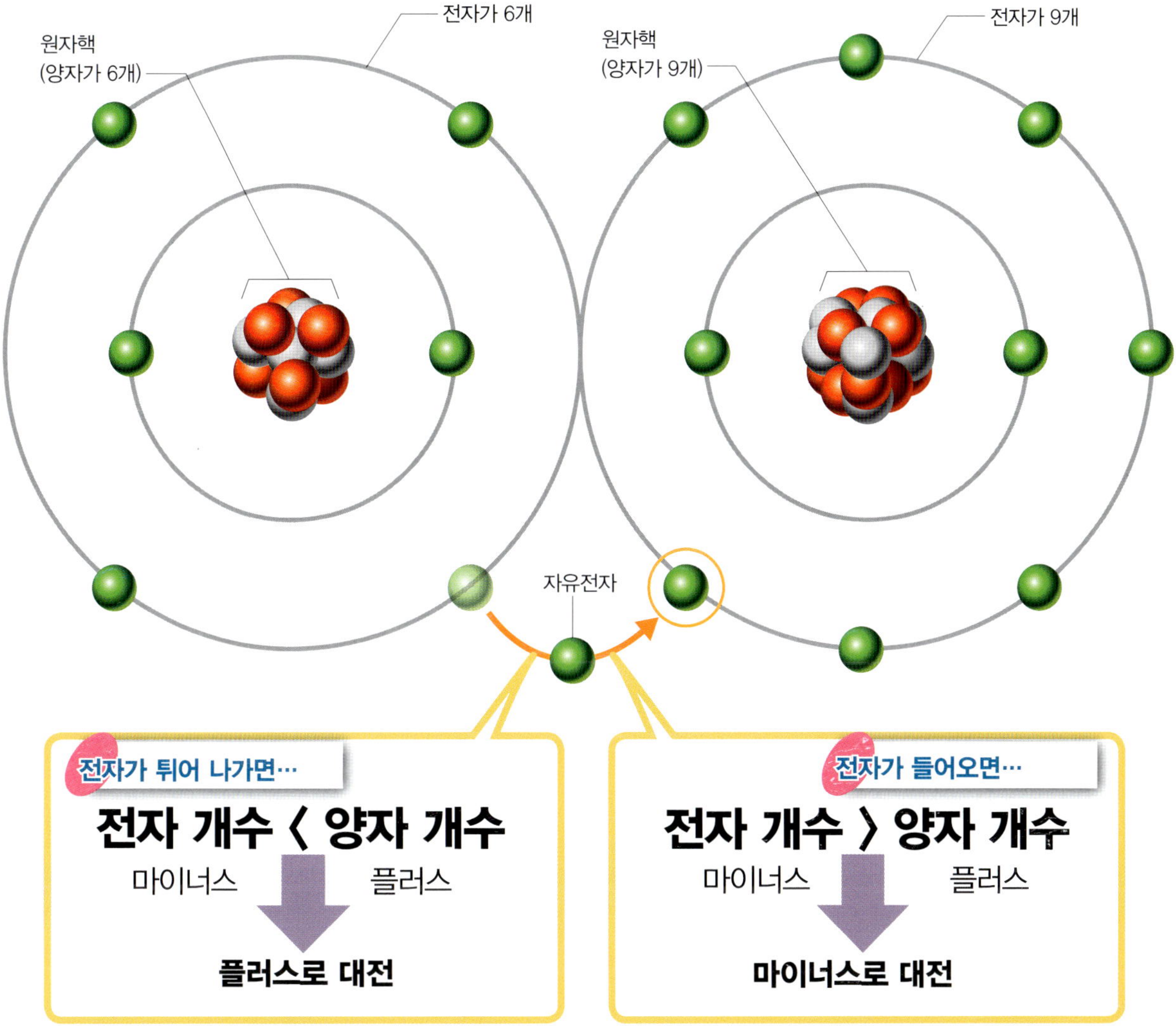

원자핵
(양자가 6개)

전자가 6개

원자핵
(양자가 9개)

전자가 9개

자유전자

전자가 튀어 나가면…

전자 개수 〈 양자 개수

마이너스   플러스

플러스로 대전

전자가 들어오면…

전자 개수 〉 양자 개수

마이너스   플러스

마이너스로 대전

자유전자를 가진 금속

금속의 원자는 규칙적으로 배열되어 있지만 전자 중 일부는 원자로부터 벗어나 자유롭게 돌아다닌다. 여기에 전압 (p.22)을 가하면 자유롭게 돌아다니던 전자가 일제히 마이너스극에서 플러스극을 향해 움직인다.
전자는 마이너스 전기가 있어 플러스 쪽으로 끌려가는 것이다. 도체인 금속에는 이런 원자핵과 약하게 결합되어 있는 자유전자가 많이 있다.

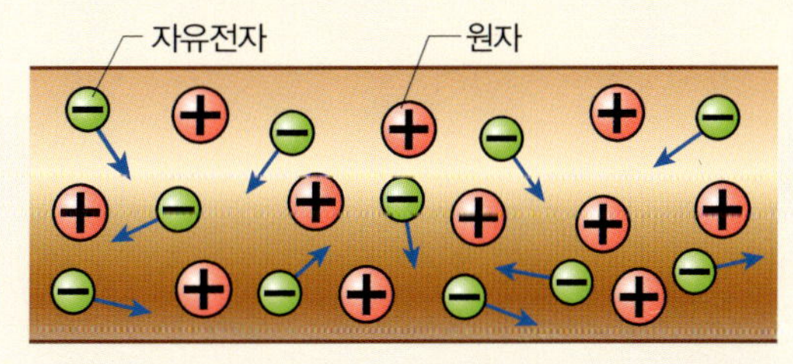

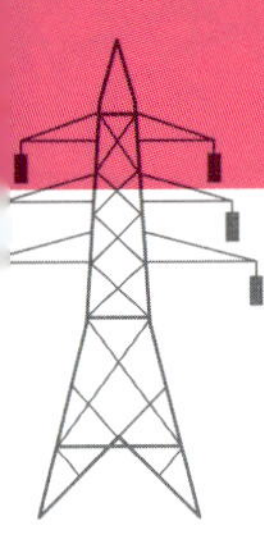

전자의 흐름은 어떻게 이루어지는가?

전자의 흐름으로 생성되는 전류

플러스로 대전된 물질과 마이너스로 대전된 물질 사이에서는 플러스로 대전된 물질이 마이너스로 대전된 물질로부터 전자를 구하는 상태가 된다. 이 2개의 물질 사이를 도체로 연결하면 마이너스 전하를 띤 자유전자가 쿨롱 힘으로 인해 플러스로 대전된 물질로 끌리면서 흘러가게 된다. 이것이 전류가 흐르는 상태이다.

마이너스로 대전된 물질은 자유전자가 뛰어나감으로써 마이너스 전하를 잃게 된다. 플러스로 대전된 물질은 자유전자를 얻음으로써 플러스 전하를 잃게 된다. 전류는 대전된 물질이 전하를 잃을 때까지 흐른다. 대전된 물질이 전하를 잃어가는 것을 **방전(放電)** 이라고 한다.

전기가 흐르는 양의 단위를 암페어 [A] 라고 한다.

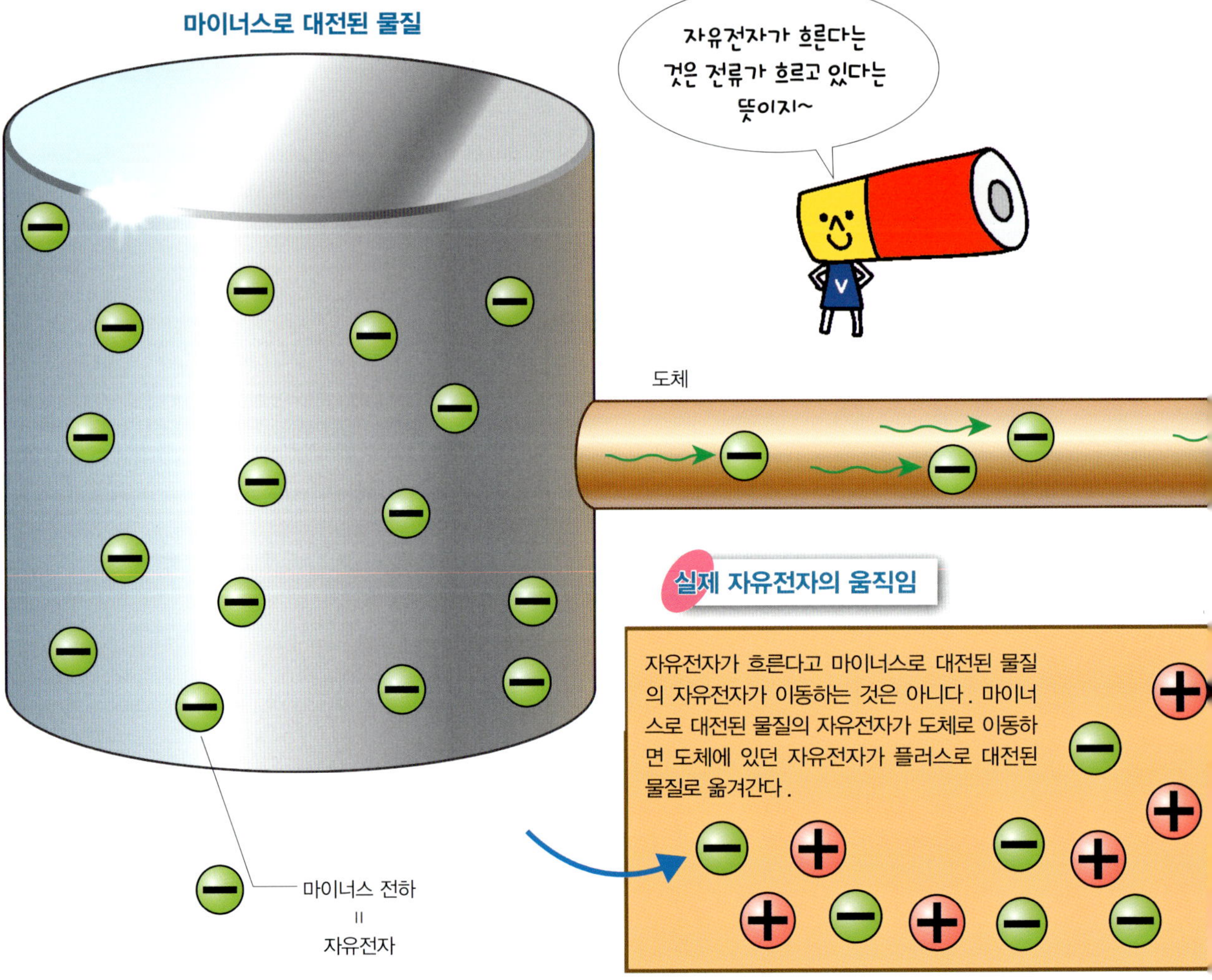

마이너스로 대전된 물질

실제 자유전자의 움직임

자유전자가 흐른다고 마이너스로 대전된 물질의 자유전자가 이동하는 것은 아니다. 마이너스로 대전된 물질의 자유전자가 도체로 이동하면 도체에 있던 자유전자가 플러스로 대전된 물질로 옮겨간다.

전자의 흐름과 전류

꼬마전구에 불이 들어와 있을 때는 건전지의 플러스극에서 마이너스극으로 전류가 흐른다. 이때 회로 안의 도체의 자유전자는 마이너스극에서 플러스극으로 움직이게 된다. 전류의 흐름과 전자의 흐름은 반대다. 사실은 전류가 플러스극에서 마이너스극으로 흐른다는 개념은 전기의 정체가 자유전자의 흐름이라는 것을 알기 전에 사람이 정한 규칙이다.

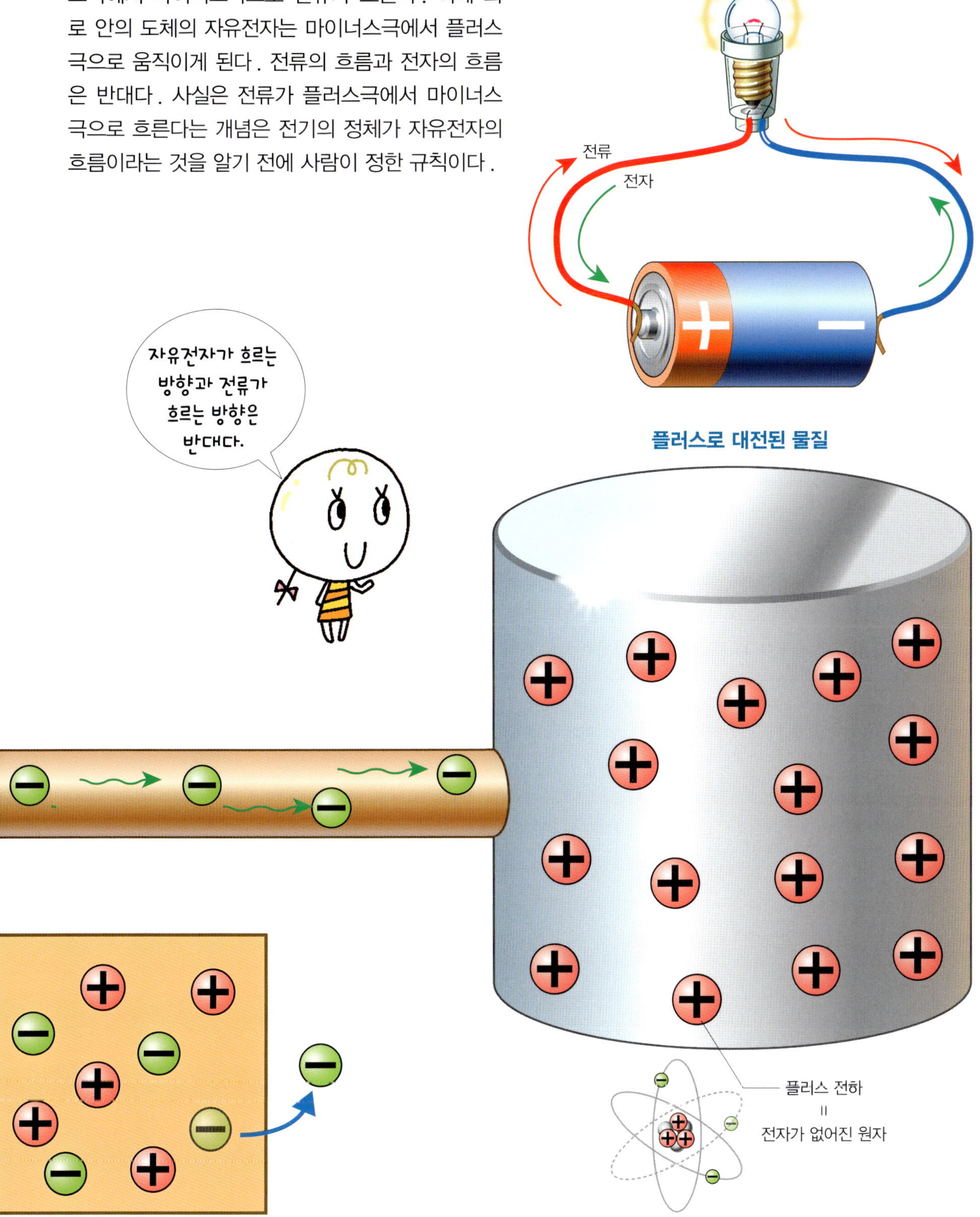

물의 흐름과 전류는 무엇이 같은가?

흐르는 방법이 비슷한 물의 흐름(水流)과 전류(電流). 전류는 전위가 높은 곳에서 낮은 곳으로 흐른다.

전류를 흐르게 하는 힘, 전압

물은 높은 곳에서 낮은 곳으로 흐른다. 전류도 이 현상과 비슷한 특징이 있다. 전류는 전위가 높은 플러스로 대전된 곳에서 전위가 낮은 마이너스로 대전된 곳을 향해 흐른다.

이 전위 차가 전류를 흐르게 하는 힘이 된다. 이 전위 차를 **전압(電壓)**이라고 하며, 전압의 크기를 나타내는 단위를 볼트[V]라고 한다.

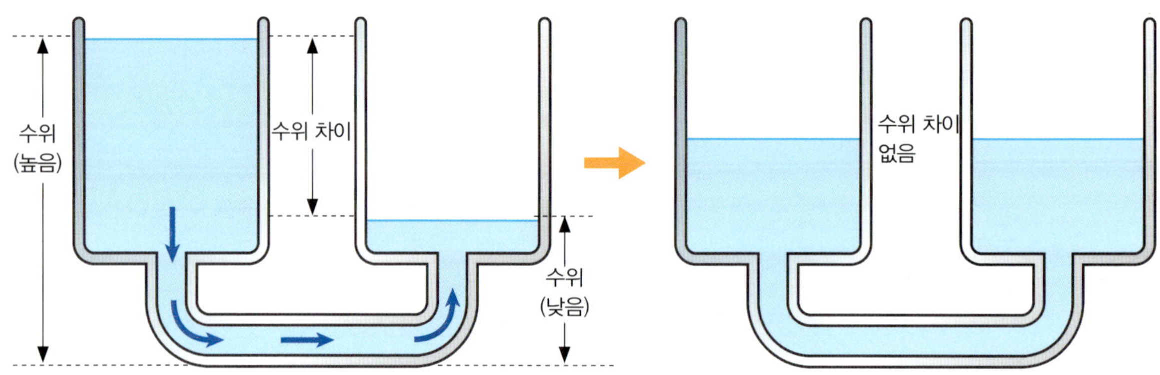

수위 차이의 높고 낮음이 물의 흐름을 만든다.

수위 차이가 없으면 물은 흐르지 않는다.

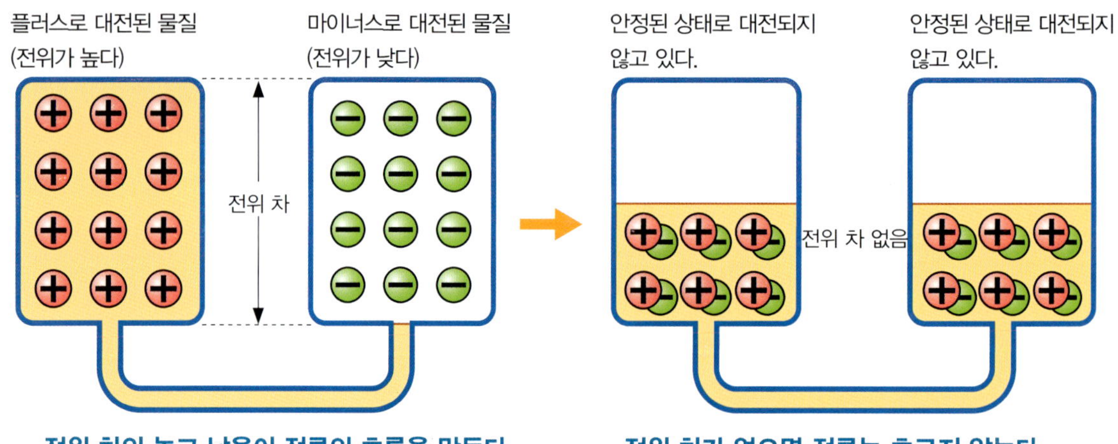

전위 차의 높고 낮음이 전류의 흐름을 만든다.

전위 차가 없으면 전류는 흐르지 않는다.

기전력을 만들어내는 전위 차

기전력(起電力)이란 회로에 전류를 흐르게 하려는 힘이다. 기전력은 전위 차를 만들어 발생한다. 기전력을 발생시키기 위해 화학변화나 전자 유도 (p,42) 열, 빛 등 다양한 것이 이용되고 있다. 건전지의 경우 화학변화를 통해 전위 차를 발생시킨다.

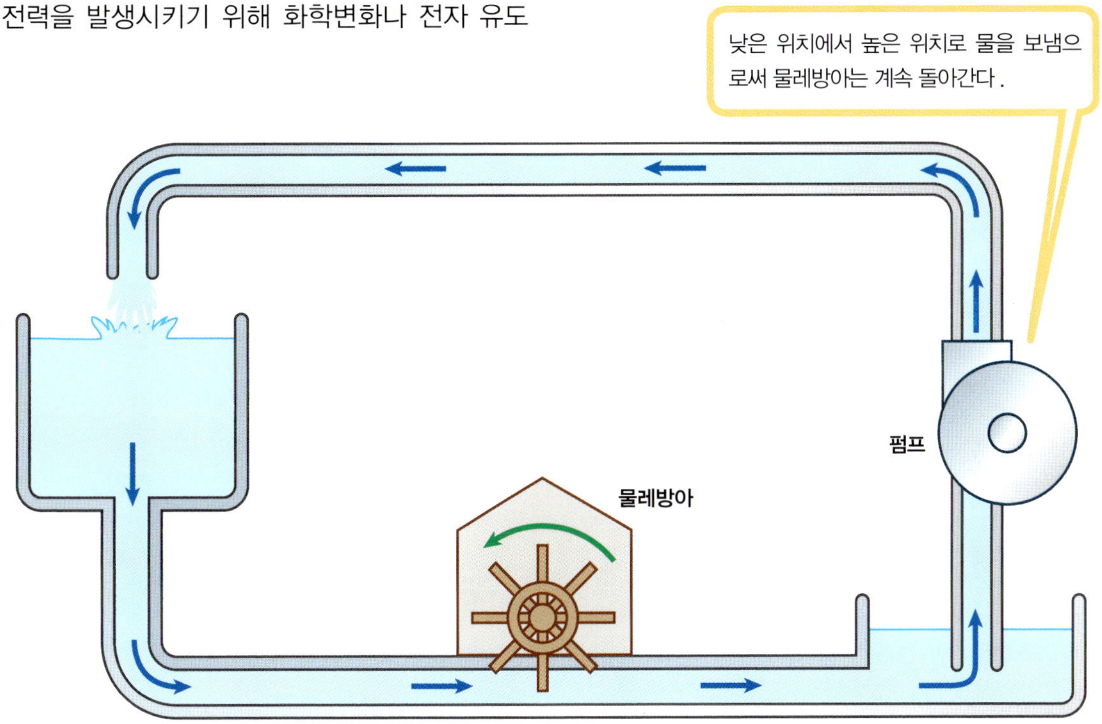

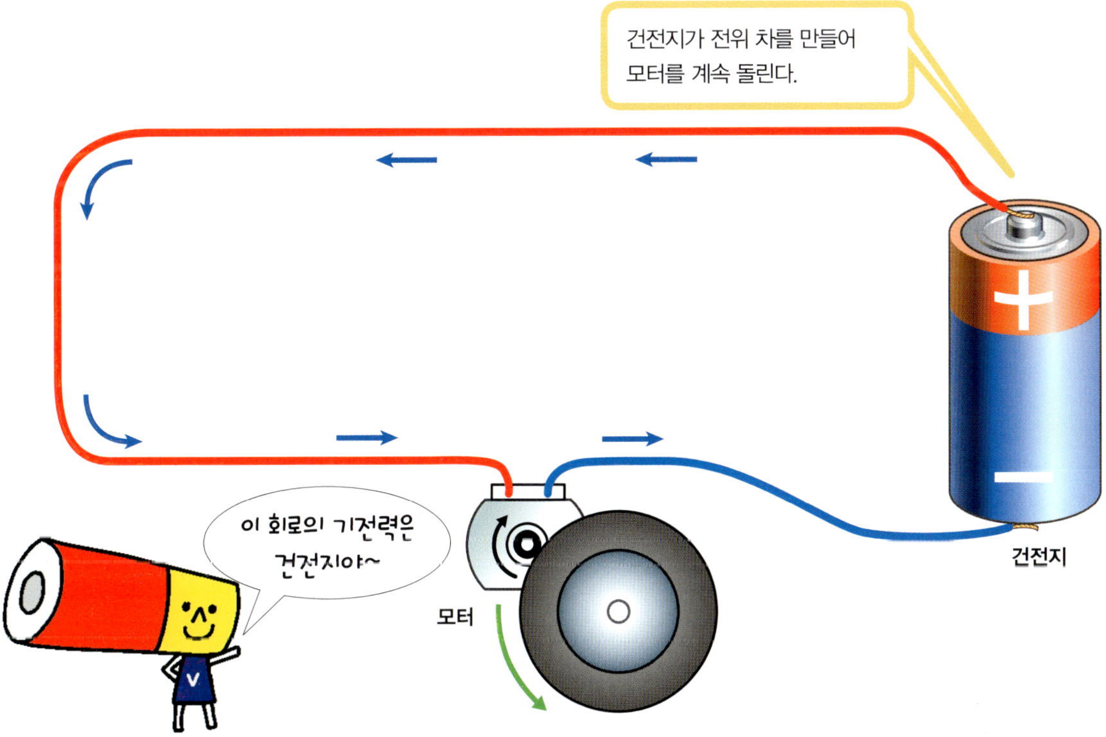

전기가 잘 통하는 도체와 통하지 않는 부도체 (절연체)

도체에는 자유전자가 많으며, 가전자는 자유전자가 되기 쉬운 전자다.

도체 · 부도체의 원자 상태

물질에는 전기가 쉽게 통하는 도체와 통하지 않는 부도체 (절연체) 가 있다 .

구리나 철 등의 도체는 자유전자가 많으므로 쿨롱 힘이 가해지면 자유전자가 이동한다 . 즉 , 전류가 흐르는 상태다 .

고무나 유리 등의 부도체는 원자 안에서 전자와 원자핵이 강하게 결합되어 전자가 이동할 수 없는 것이다 . 이와 같이 원자 안에서 구속되어 있어 자유롭게 이동하지 못하는 전자를 **구속전자 (拘束電子)** 라고 한다 .

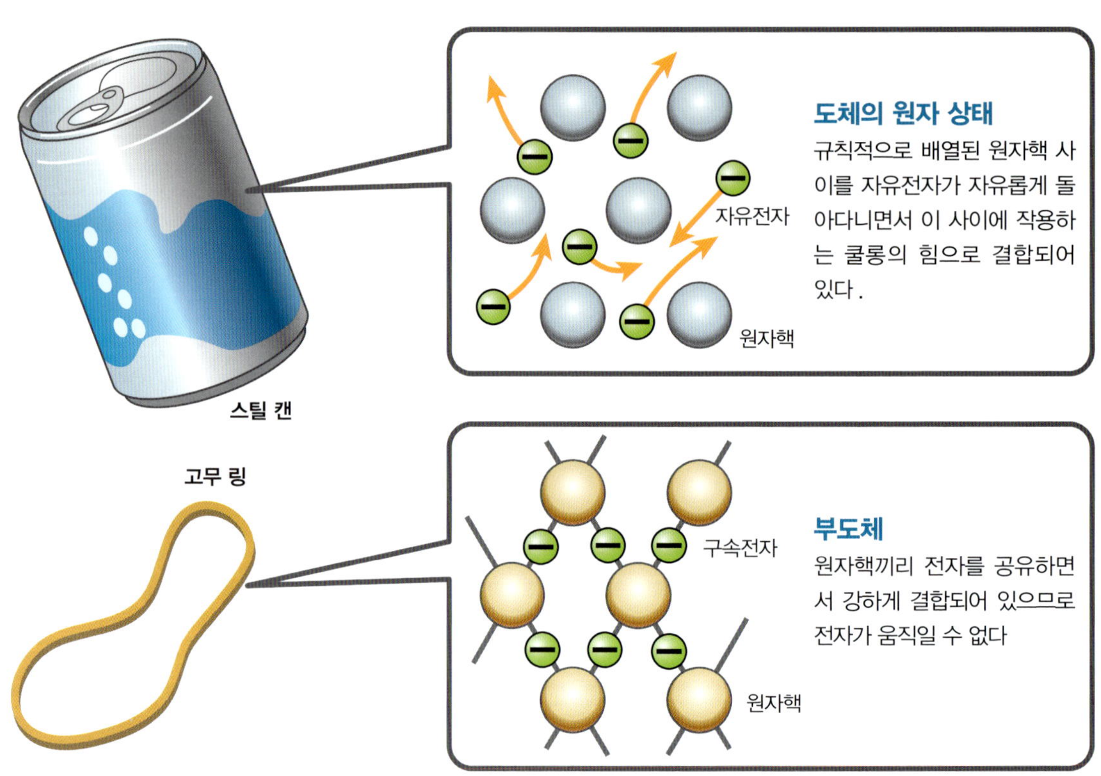

일상생활을 뒷받침하는 반도체

반도체란 이름 그대로 도체와 부도체의 중간 역할을 하는 전기부품이다 . 어느 상태에서는 전류가 흐르지 않지만 전압이나 온도가 바뀌면 전류가 흐른다 . 또한 반대로 흐르던 전류가 전압이나 온도에 의해 흐르지 않게 된다 .
의도대로 전류의 흐름이나 크기를 바꿀 수 있으므로 다양한 전기제품에 사용되고 있다 .

원자 안에서 전자가 움직이는 궤도

전자는 항상 원자핵 주위를 돌고 있다. 전자는 원자핵으로부터 일정한 위치의 궤도를 돈다. 이 전자의 궤도를 **각(shell)** 이라고 한다.

원자핵에 가장 가까운 위치부터 순서대로 K 각, L 각, M 각, N 각이라고 하며, 각각 2 개 (K 각), 8 개 (L 각), 18 개 (M 각), 32 개 (N 각) 의 전자가 그 궤도에 들어간다.

바깥쪽으로 갈수록 원자핵과의 결합이 약하므로 가장 바깥쪽 궤도를 도는 전자는 **가전자(價電子)** 라고 한다. 가전자는 자유전자가 되기 쉬운 전자다.

구리의 가전자

구리 (Cu) 의 가전자는 N 각에 1 개만 있다. 원래 32 개의 전자를 가져야 할 궤도에 단지 1 개만 있는 상태이므로 불안정해 언제라도 원자핵에서 떨어져 나갈 수 있는 상태인 것이다.

구리의 가전자는 자유전자로 되는 것이 매우 쉬우므로 구리는 도체로 많이 사용되고 있다.

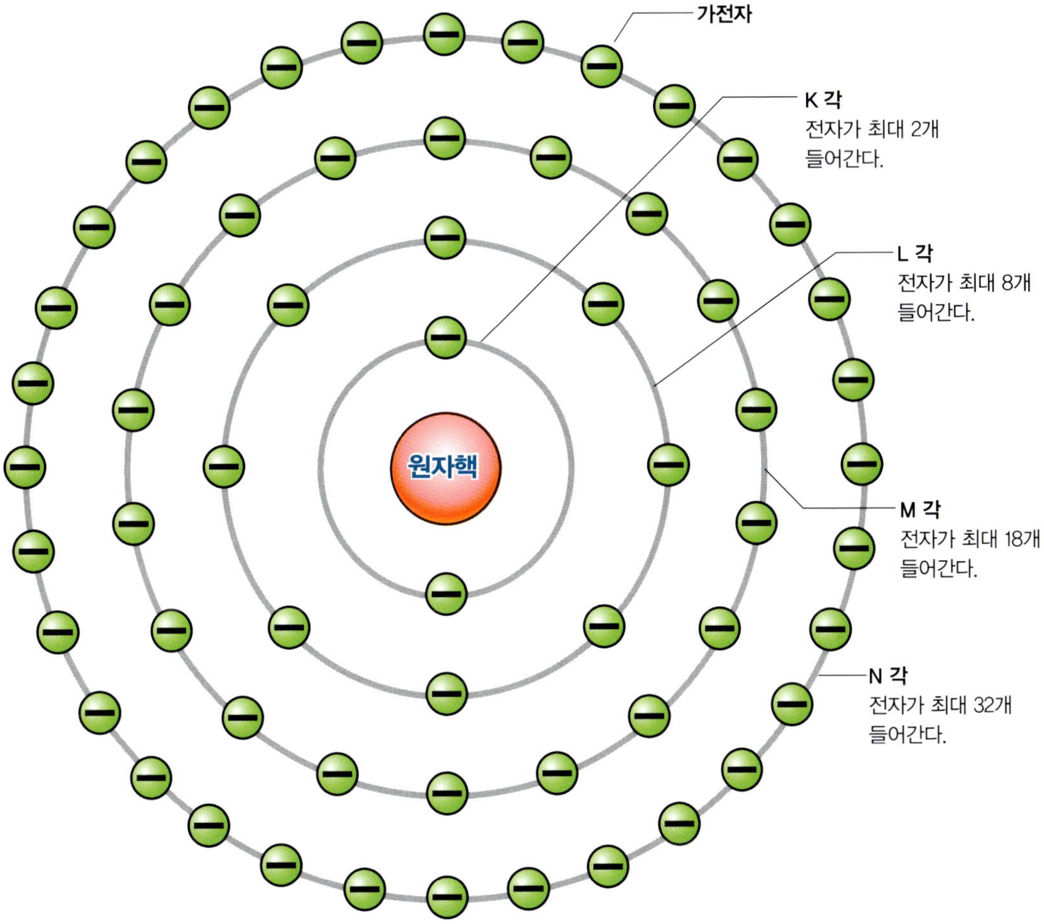

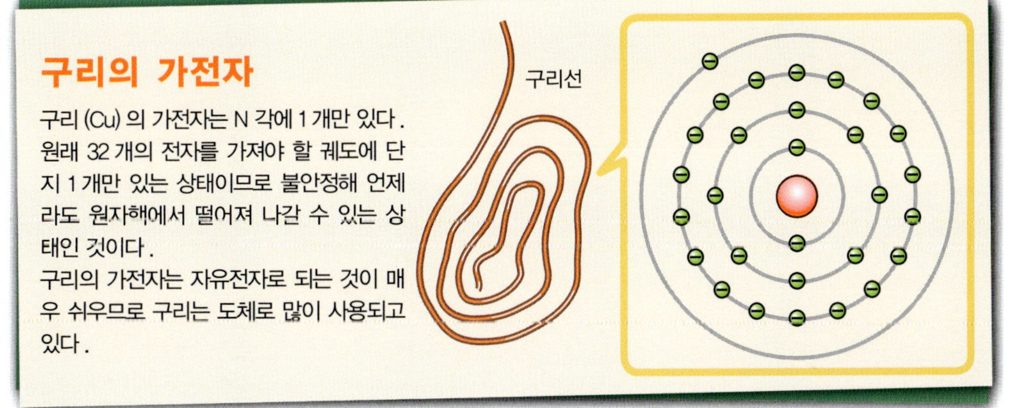

전기 흐름을 방해하는 저항과 줄열의 관계는?

전기 저항은 자유전자의 흐름을 방해함으로써 줄열을 발생시킨다.

전류의 흐름을 방해하는 전기 저항

자유전자는 금속 등의 도체 안을 자유롭게 이동하지만 어떤 금속이든 모두 그런 것은 아니다. 금속의 특성에 따라 자유전자의 이동 방법에도 차이가 있다.

금속 안을 자유전자가 이동하고 있으면 원자에 부딪친다. 자유전자가 원자에 부딪치면 자유전자의 이동 속도는 둔해진다. 즉 전류가 잘 흐르지 않게 된다.

이 성질을 **전기 저항**이라고 한다(간단히 저항이라고도 한다).

전기 저항은 금속에 따라 원자의 배열 상태나 밀도가 다르므로 각 금속에 따라 다르다. 전기 저항의 단위는 옴[Ω]으로 나타내며, 이 수치가 낮을수록 전류가 쉽게 흐른다.

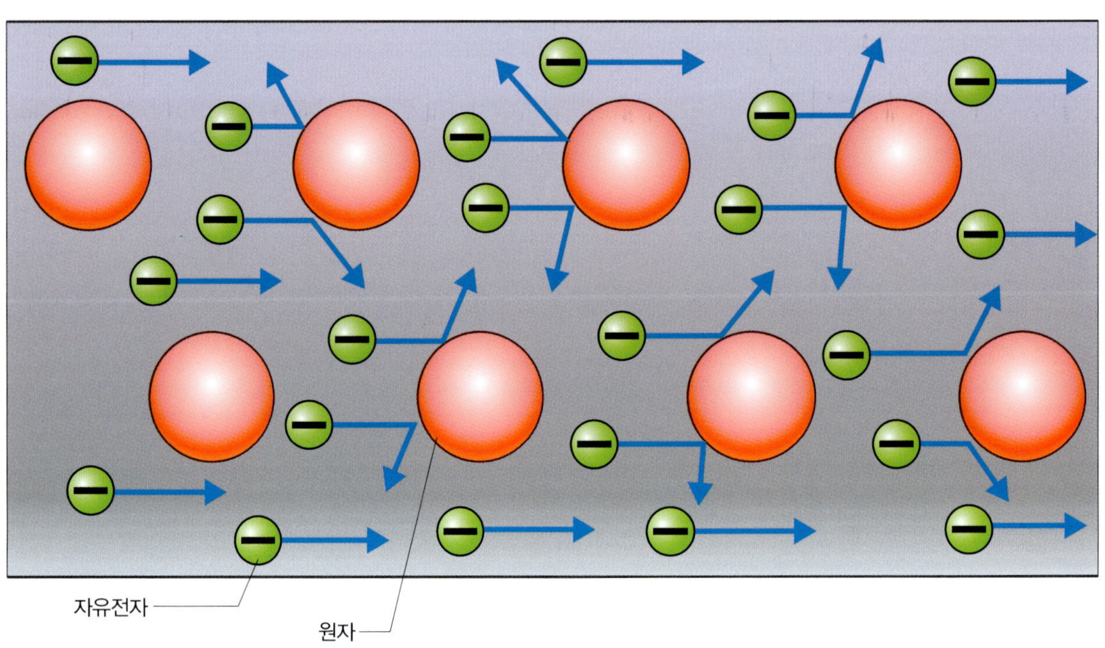

물질의 전기 저항(길이 1m, 단면적 $1mm^2$)

물질에 따라 각 전기 저항값이 다르다. 전기 저항값은 은보다 구리 쪽이 높지만 구리는 구하기가 쉬우므로 일반적인 도선으로 널리 사용되고 있다.

도체					부도체		
은	동	금	알루미늄	철	고무	유리	폴리에틸렌
0.016 Ω	0.017 Ω	0.022 Ω	0.027 Ω	0.10 Ω	$10^{16} \sim 10^{21}$ Ω	$10^{15} \sim 10^{18}$ Ω	$10^{20} \sim$ Ω

전기 저항으로 인해 발생하는 줄열

도체에 전류가 흐르고 있을 때 자유전자는 활발히 이동하고 있는 원자 쪽으로 격렬하게 충돌한다. 자유전자와 부딪친 원자는 충돌 충격으로 인해 진동한다. 이 진동으로 발생한 열을 **줄열(Joule 熱)**이라고 한다. 발열량의 단위는 줄[J]로 표시한다.

사실 원자는 항상 진동하고 있다. 이 진동을 **열진동** 또는 **격자운동(格子運動)**이라고 한다. 또한 온도가 높아질수록 원자의 진동폭은 커진다. 원자의 진동이 커지면 자유전자는 원자와 충돌하기 쉬워지므로 물질의 온도가 높을수록 전기 저항도 높아진다.

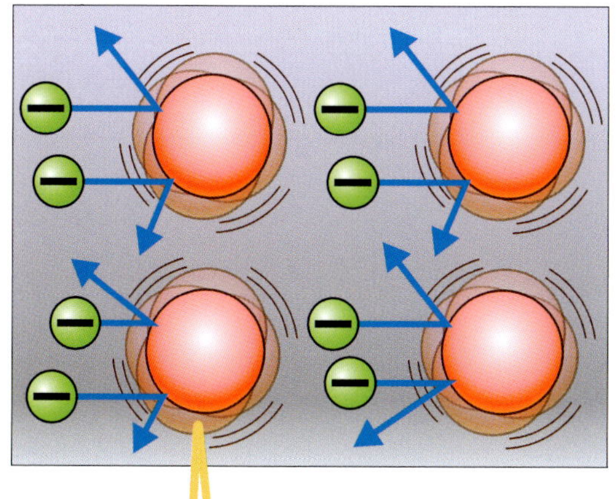

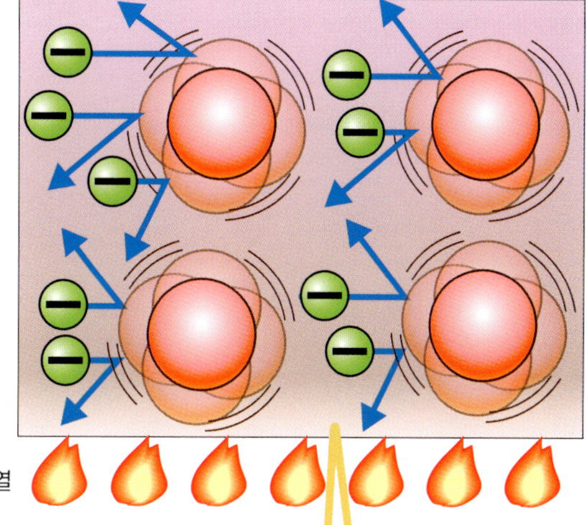

〈줄의 법칙〉 줄열은 줄의 법칙으로 구할 수 있다.

$$발열량[J] = 전압[V] \times 전류[A] \times 시간[초]$$

전압이 높아지면 자유전자가 원자에 강하게 부딪치므로 전압이 높을수록 발열량은 커진다.

전류가 많아지면 원자에 부딪치는 자유전자 수가 늘어나므로 전류가 많을수록 발열량은 커진다.

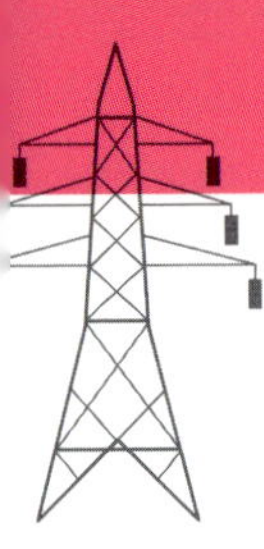

전기가 하는 일과 실행한 일의 양은?

전기 에너지는 빛이나 열 등을 발생시킨다. 이 작용을 전력이라고 한다.

전기가 하는 일 = 전력

일정한 시간 동안 전기가 하는 작업량을 **전력(電力)**이라고 한다. 전력이 클수록 일정한 시간 동안 많은 에너지를 다른 형태의 에너지로 바꿀 수 있다. 전구를 예로 들면, 전력이 클수록 많은 전기 에너지를 빛 에너지로 변환할 수 있다. 이 에너지양을 나타내는 단위를 와트[W]라고 한다. 100W 전구는 10W 전구보다 훨씬 밝지만 10W 전구의 10배나 되는 에너지를 소비하게 된다.

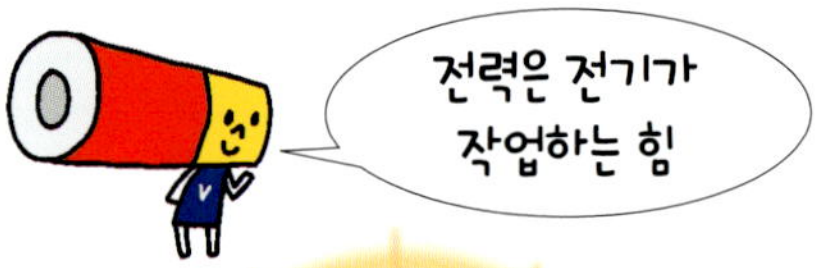

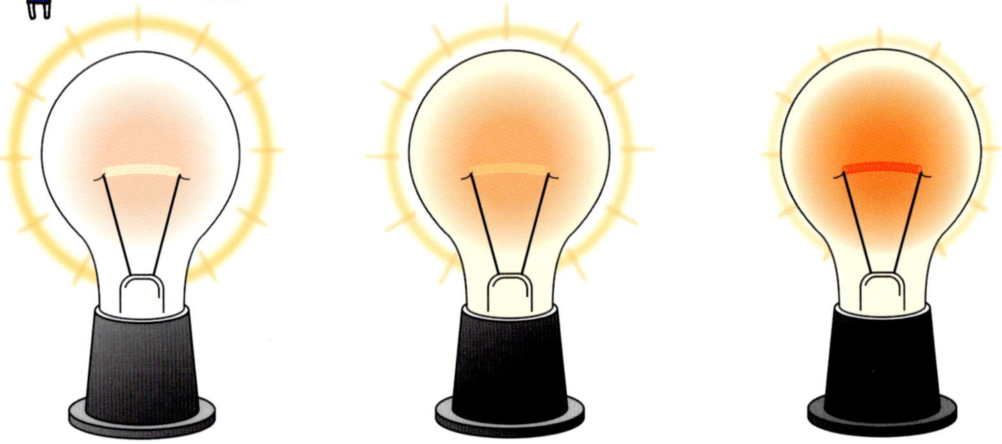

100 W 전구 | 60 W 전구 | 10 W 전구

전력[W]	대	중	소
다른 에너지로 전환할 수 있는 양	대	중	소
밝기	매우 밝다	밝다	어둡다

전력을 구하는 방법

전력[W]은 전기가 흐르는 양과 그 전압에 의해 구할 수 있다. 전압이 높고 전류가 많이 흐를수록 전력이 커진다.

$$전력[W] = 전압[V] \times 전류[A]$$

실제 실행한 일의 양 = 전력량

전력에 시간을 곱하면 실제 실행한 작업량이 된다. 이것을 **전력량(電力量)** 이라고 한다. 전력량을 나타내는 단위는 발열량과 똑같이 줄 [J] 이다.

1W 의 전력을 1 초 동안 사용했을 때는 와트 초 [Ws], 1W 의 전력을 1 시간 동안 사용했을 때는 와트 시 [Wh] 로 나타내는 경우도 있다.

$$전력량[J] = 전력[W] \times 시간[초]$$

소비 전력

「100V 1,000W」라는 라벨이 붙어 있다면 100V 전압으로 사용했을 때 전기제품이 소비하는 전력이 1,000W 라는 뜻이다. 이런 전력표시 방법을 소비 전력이라고 한다. 전기 소비가 많은 계절에는 가전제품의 소비 전력량을 주의해 살펴볼 필요가 있다.

정격전압	100V
정격소비전력	1000W
정격주파수	50-60Hz
제조번호	
흡입작업률	450 W
질량	6.1 kg

▲ 라벨에 표시된 소비전력

원자의 이온화를 이용해 만드는 전기는?

이온화를 이용한 화학변화에 의해 전기를 만들 수 있다.

대전된 원자 = 이온

원자는 전자를 방출하거나 받아들여 존재하는 경우가 있다. 이것을 원자의 이온화(Ion 化)라고 한다. 원자가 전자를 방출하면 원자는 플러스로 대전되어 플러스 이온이 된다. 또한 전자를 받아들이면 원자는 마이너스로 대전되어 마이너스 이온이 된다.

원자가 이온화하는 것을 **전리 (電離)** 라고 하며, 이온이 녹아든 물질을 **전해질 (액체인 경우 , 전해액)** 이라고 한다.

전해액에 전극을 넣고 전압을 가하면 플러스 이온이 마이너스극으로 끌려가 전자를 받아들이고, 마이너스 이온이 플러스극으로 끌려가 전자를 방출한다. 이 이온의 이동에 의해 전해액에는 전류가 흐른다.

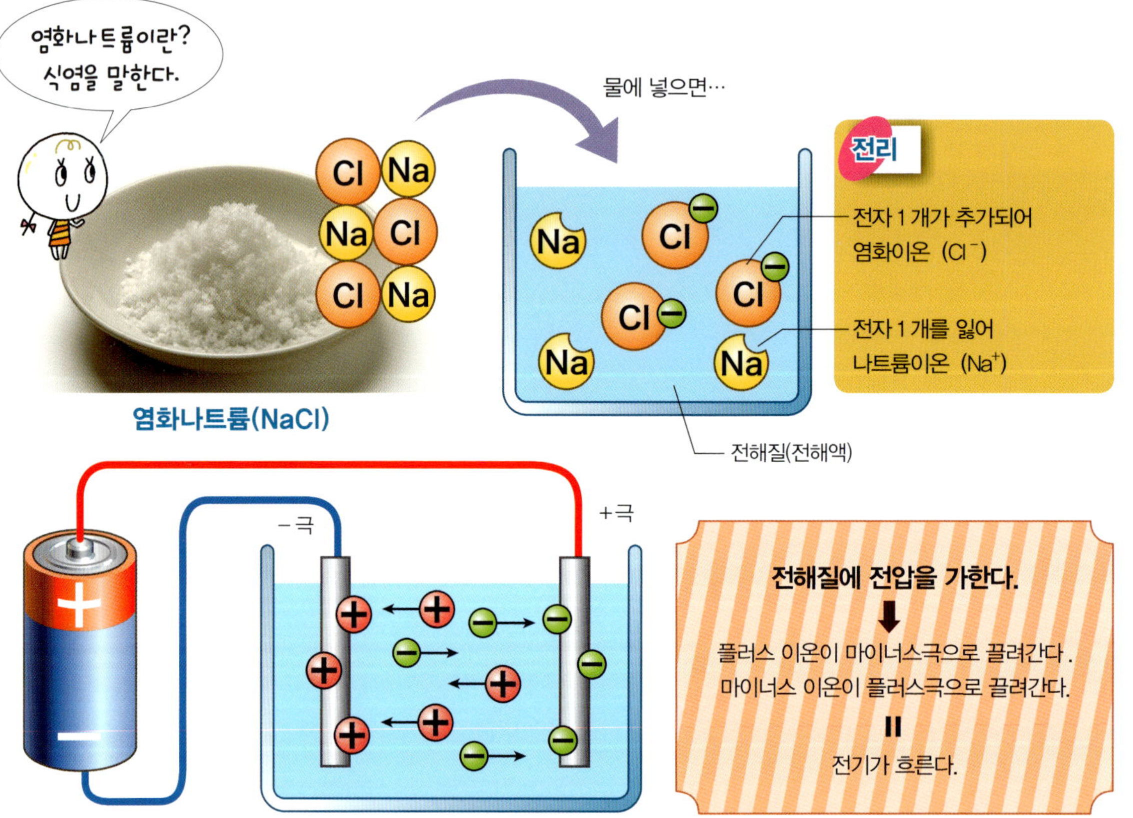

이온화 경향

이온화 경향이란 금속이 전자를 방출해 플러스 이온이 되려는 성질이다. 이온화 경향이 큰 금속은 전자를 방출해 플러스 이온이 되기 쉬우며, 그 순서를 나열한 것을 「이온화 열」이라고 한다.

이온을 이용한 볼타 전지

최초로 전지를 발명한 것은 이탈리아의 물리학자 볼타다 . 황산을 물에 녹인 묽은 황산에 아연판과 구리판을 넣고 도선으로 연결한 장치로 전지로서 오래 사용할 수 있는 것은 아니었다 . 이런 전지를 일반적으로 **볼타 전지** 라고 한다 .

황산 (H_2SO_4) 은 물속에서 수소이온 (H^+) 과 황산이온 (SO_4^{2-}) 으로 전리되어 전해액이 된다 . 아연판에서는 이온화 경향이 큰 아연 (Zn) 이 전자를 놔두고 전해액으로 녹아내림으로써 아연이온 (Zn^{2+}) 이 된다 . 아연판에 남은 전자는 도선을 통해 구리판으로 향한다 . 이 전자의 흐름에 의해 꼬마전구에 불이 들어오는 것이다 .

전해액 안에는 수소이온과 아연이온 2 개의 플러스 이온이 있다 . 아연이온보다 이온화 경향이 낮은 수소 이온은 구리판을 향해 전자를 받아들여 수소 (H) 가 된다 .

볼타 전지에서는 아연판이 마이너스극이 되고 구리판이 플러스극이 된다 . 일반적으로 이온화 경향이 큰 금속이 마이너스극 , 이온화 경향이 작은 금속이 플러스극이 된다 .

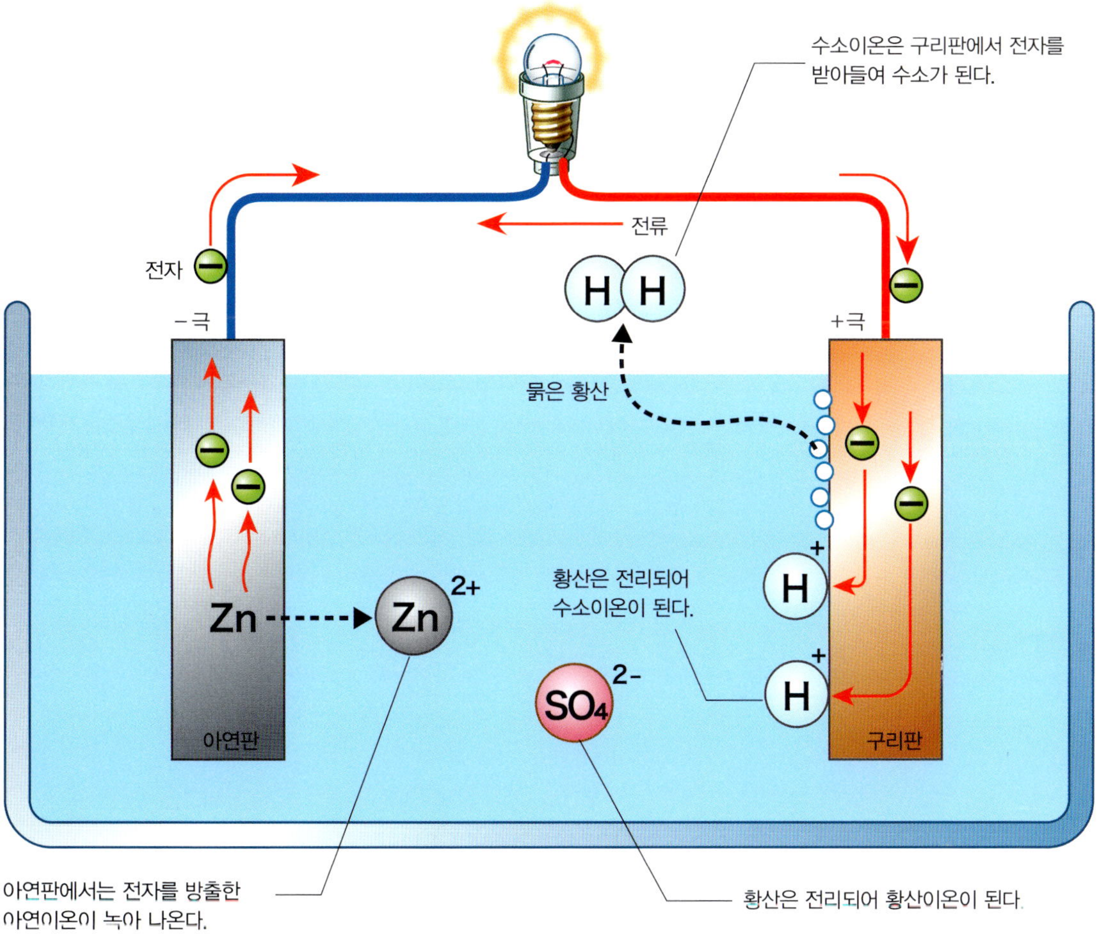

> 아연판이 마이너스로 대전되고 , 구리판이 플러스로 대전된다 .
> 전자가 아연판에서 구리판으로 이동함으로써 꼬마전구에 불이 들어온다 .

한 번 사용하고 버리는 1차 전지는?

화학 전지에는 1차 전지와 2차 전지가 있다. 1차 전지는 사용하고 버리는 타입의 전지이다.

1회용인 1차 전지

볼타 전지처럼 화학변화를 이용해 전기를 일으키는 전지를 **화학 전지**라고 한다. 화학 전지에는 1차 전지, 2차 전지, 연료 전지가 있다.

1차 전지에는 망간 전지, 알칼리 전지, 리튬 전지 등이 있다. 1차 전지는 충전이 안 되어 사용하고 버리는 유형의 전지다.

▲ 망간 전지 ▲ 알칼리전기 ▲ 리튬전기

망간 전지

망간 전지 안에는 마이너스극이 되는 아연 캔이 있고 그 안쪽에는 이온밖에 통과하지 못하는 세퍼레이터가 있다. 세퍼레이터 안에는 플러스극이 되는 이산화망간, 전해액이 되는 염화아연과 물이 섞여서 페이스트 상태가 된 **합제(合劑)**가 있으며, 중앙에는 탄소막대가 있다.

망간 전지를 사용하면, 먼저 아연이 자유전자를 아연 캔에 남기고 아연이온이 되어 녹아든다. 아연 캔의 자유전자는 회로를 통해 탄소막대로 이동하며, 그 후 이산화망간이 자유전자를 받아들인다. 이런 식으로 전자의 흐름이 일어나는 것이다.

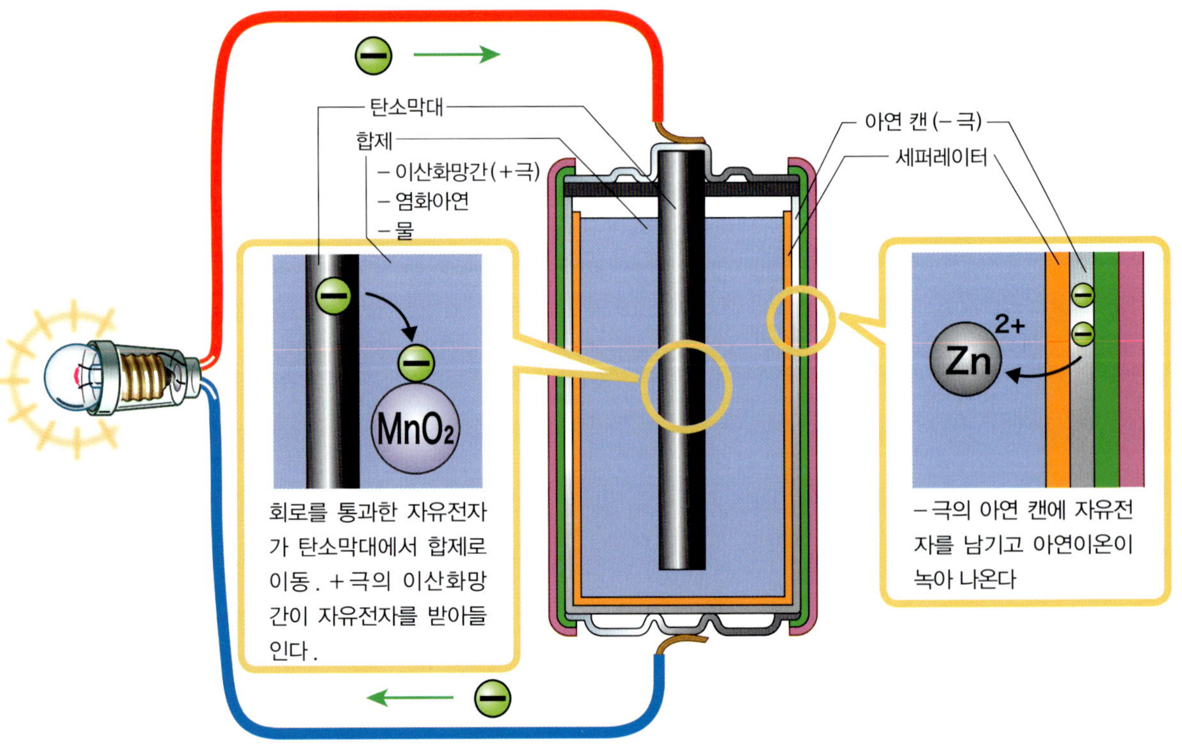

알칼리 전지

알칼리 전지는 철제 캔 안에 플러스극이 되는 이산화망간이 있다 . 이산화망간 안쪽에는 세퍼레이터가 있으며 , 그 안에 마이너스극이 되는 아연 전해액이 되는 수산화칼륨과 물이 섞인 합제가 있다 . 합제 중앙에는 **집전봉 (集電棒)** 이 있다 . 알칼리 전지는 정식으로는 알칼리망간 전지라고 하는데 이것은 수산화칼륨이 알칼리성이기 때문이다 . 알칼리 전지는 아래 그림과 같이 전자가 흐른다 .

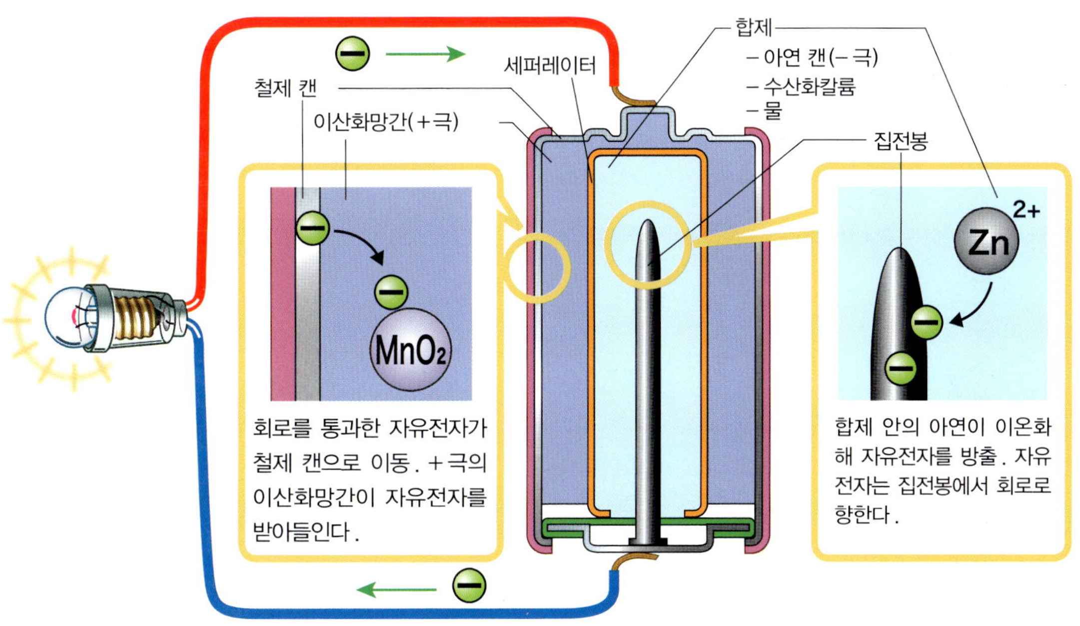

리튬 전지

리튬은 금속에서 가장 큰 이온화 경향을 가지므로 이것을 마이너스극으로 이용하면 플러스극과의 전위 차를 쉽게 얻을 수 있다 . 리튬은 2 차 전지로도 사용되고 있다 .

리튬 전지의 플러스극에는 이산화망간이 많이 사용된다 . 세퍼레이터를 경계로 리튬과 이산화 망간이 놓여 있다 . 아래 그림처럼 리튬 전지에는 전자가 흐른다 .

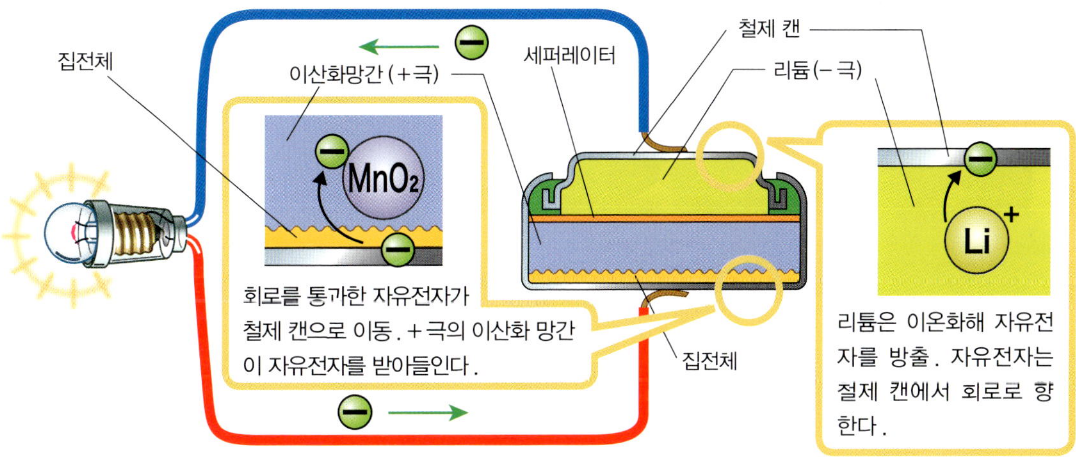

다시 충전하여 사용하는 2차 전지는?

2차 전지는 전압을 가함으로써 전지 안에 화학 에너지를 축적한다.

반복 사용하는 2차 전지

2차 전지는 충전해두었다가 반복해 사용할 수 있는 화학 전지이므로 축전지, 충전지라고도 한다. 전지 안의 화학 에너지를 모두 사용해도 전압을 가해 화학물질을 전기분해함으로써 화학 에너지를 축적할 수 있다.

주로 납축전지, 리튬 이온 전지 등이 있다.

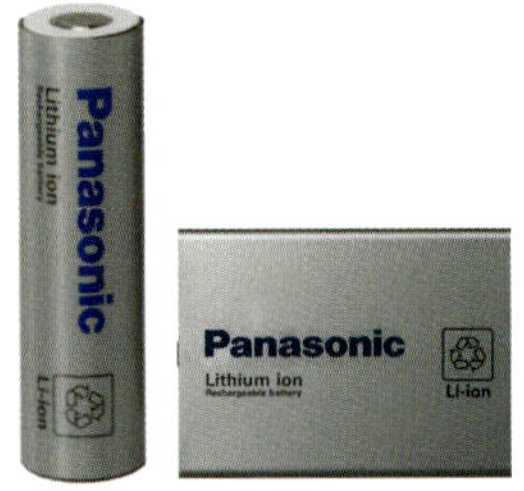

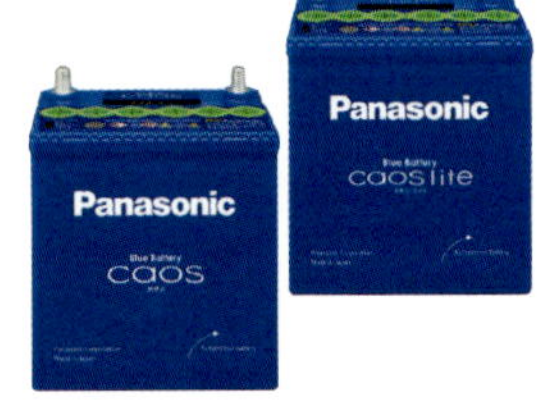

▲리튬 이온 전지　　　　▲납축전지

납축전지의 방전

납축전지는 마이너스극에 납(Pb), 플러스극에 이산화납(PbO_2), 전해질에 묽은 황산을 사용한다. 전해질 안의 황산(H_2SO_4)은 전리되어 플러스 이온인 수소이온(H^+)과 마이너스이온인 황산이온(SO_4^{2-})이 되어 있다.

방전될 때 마이너스극의 납에서 납이온(Pb^{2+})이 녹아 나오고 자유전자를 마이너스극에 남긴다. 자유전자는 회로를 통과해 플러스극에서 이산화납, 수소이온, 황산이온과 화학반응을 일으킴으로써 황산납과 물이 생긴다. 마이너스극에서도 납이온과 황산이온이 화학반응을 일으켜 황산납이 생긴다.

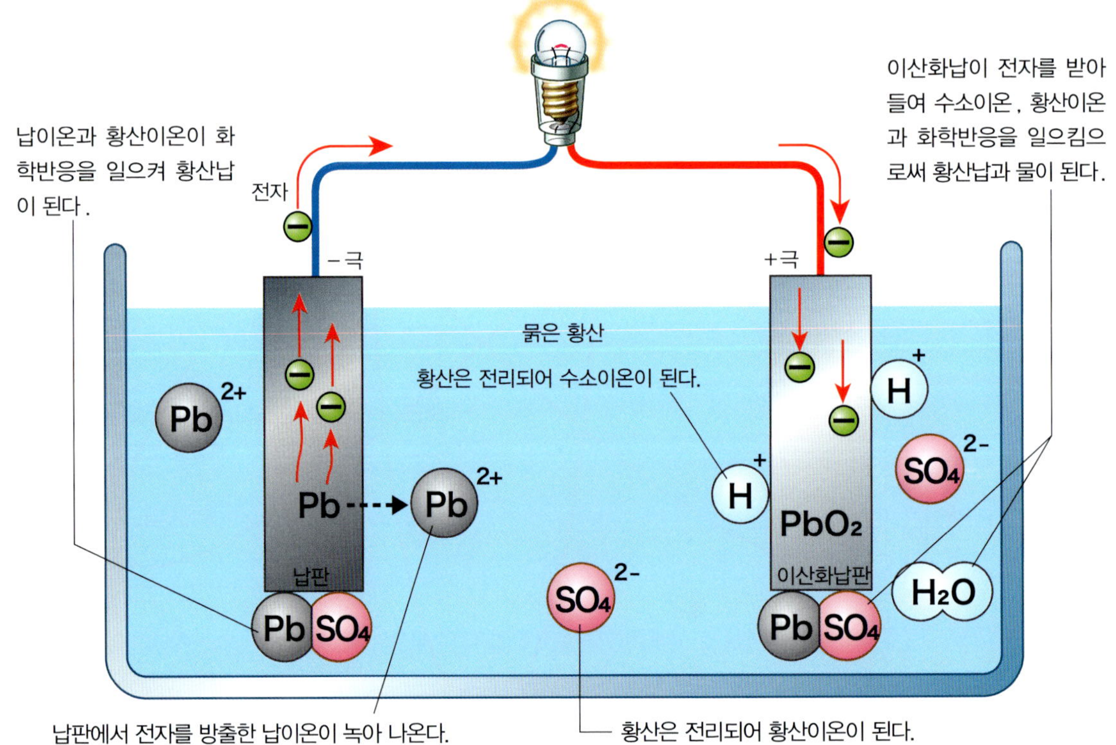

납축전지의 충전

납축전지를 계속 방전하면 마이너스극과 플러스극 양쪽이 황산납으로 덮이게 된다. 또한 전해질의 묽은 황산도 물에 의해 점점 옅어진다. 그러다 마지막에는 방전을 못하게 된다. 이것이 화학 에너지를 다 사용한 상태다. 그러나 2차 전지인 납축전지는 전압을 가함으로써 충전할 수 있다.

납축전지에 전압을 가하면 마이너스극에서는 황산납이 자유전자를 받아들여 납과 황산이온이 된다. 플러스극에서는 황산납과 물이 화학반응을 일으켜 이산화납이 되며, 수소이온과 황산이온이 녹아나와 전극에 자유전자를 남긴다. 이와 같은 전기분해에 의해 납축전지는 원래 상태로 돌아간다.

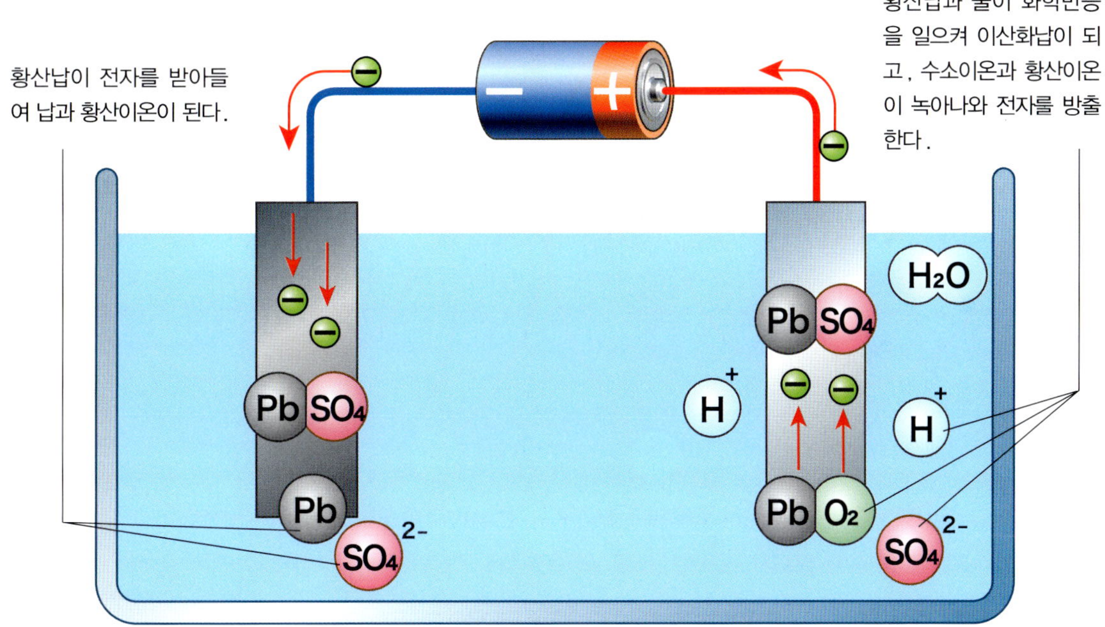

기타 주요 2차 전지

2차 전지로는 납축전지 외에 니켈 카드뮴 전지와 리튬 이온 전지가 유명하다.
니켈 카드뮴 전지는 마이너스극에 카드뮴, 플러스극에 수산화니켈, 전해질에 수산화칼륨이 사용된다. 전기의 출력이 크고 전력을 안정적으로 공급할 수 있지만 카드뮴이 유독하기 때문에 사용하는 곳은 전동공구나 일부 사무용으로 한정되어 있다.
리튬 이온 전지는 마이너스극에 탄소질 소재, 플러스극에 리튬산화물, 전해질에 탄소에틸렌과 리튬염이 사용된다. 용량이 크고, 작고 기벼워 휴대전화기나 노트북 등의 전자·전기제품에 폭넓게 사용되고 있나.

플라즈마는 어떻게 발생하는가?

높은 에너지 안에서 물질이 안정적인 상태로 있는 것을 플라즈마라고 한다.

플라즈마는 제4의 물질 상태

도선을 둘둘 감은 것을 **코일 (Coil)** 이라고 한다. 이 코일에 전류를 흐르게 하면 전류가 흐르는 동안 코일은 자석과 똑같은 작용을 한다. 이때 코일에 철제 클립을 가까이 가져가면 클립이 코일에 달라붙는다.

이처럼 전류가 흐름으로써 자석작용을 갖는 것을 **전자석 (電磁石)** 이라고 한다

플라즈마의 생성 방법 ① 초고온

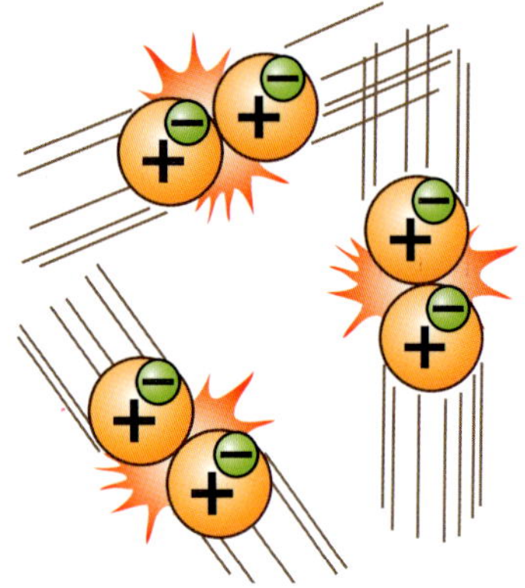

기체에 에너지가 가해지면 초고온으로 올라가면서 원자나 분자가 서로 부딪친다.

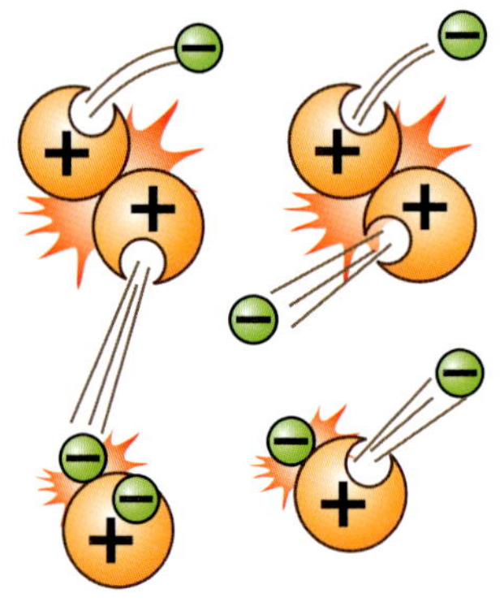

충돌에 의해 원자에서 떨어져 나온 전자가 다른 원자에 부딪쳐 전자가 떨어져 나온다.

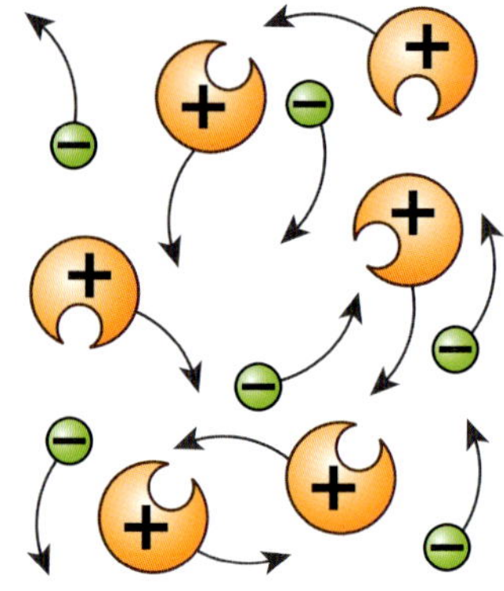

전자를 잃은 원자 (플러스 이온) 와 전자가 자유롭게 날아다니고 있다. (플라즈마 상태)

플라즈마의 생성 방법 ② 기체 방전

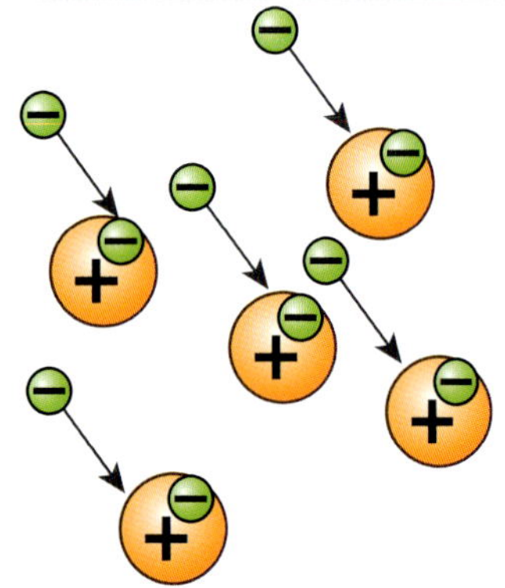

방전에 의해 기체 안을 고속으로 이동하는 전자가 원자나 분자에 부딪친다.

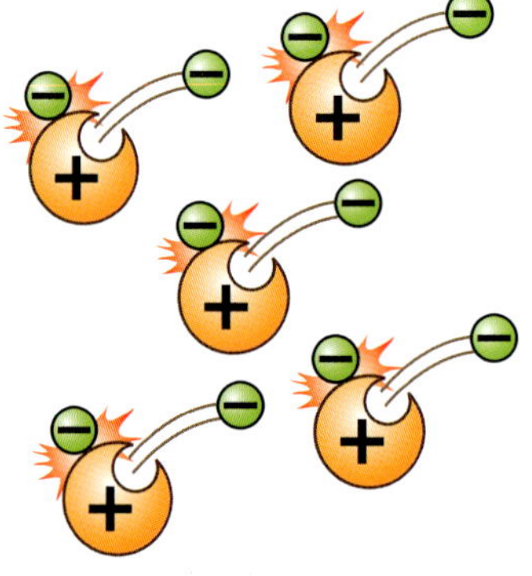

전자의 충돌에 의해 원자나 분자에서 전자가 떨어져 나온다.

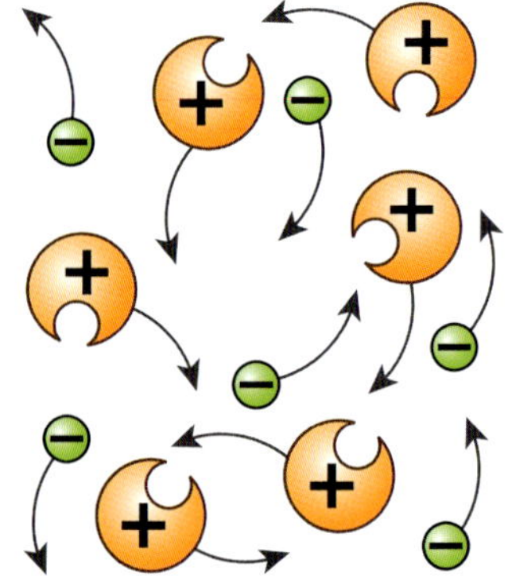

전자를 잃은 원자 (플러스 이온) 와 전자가 자유롭게 돌아다니고 있다 .(플라즈마 상태)

🖐 플라즈마는 전기를 통하게 한다.

　플라즈마는 마이너스 전하인 전자와 플러스 전하인 플러스 이온의 수가 똑같기 때문에 전기적으로 안정된 상태이다.

　플라즈마에 전압을 가하면 플러스극으로 전자가 이동하고, 마이너스극으로 플러스 이온이 이동해 전기를 흐르게 한다.

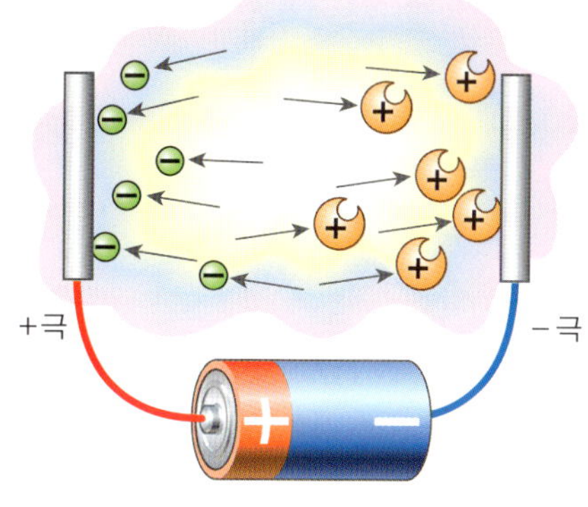

🔌 오로라는 플라즈마의 빛

　지구의 남극 부근이나 북극 부근에서 관측되는 오로라는 태양에서 방출된 태양풍이 지구 자계의 틈새에서 빠져나와 지구로 쏟아지는 현상이다.

　태양풍은 플라즈마 상태로 우주공간을 이동한다. 지구에는 주로 전자만 쏟아지기 때문에, 플라즈마화하고 있는 지구 대기의 원자와 반응해 다양한 색으로 빛나는 것이다.

　플라즈마는 우리 주변에서는 볼 수 있는 기회가 별로 없지만 우주공간 대부분은 사실 플라즈마 상태다. 오로라는 우주공간에 플라즈마 상태의 물질의 물질이 많이 존재하는 것을 보여주는 천체 현상이다.

전류와 자계의 관계는?

전류가 흐르면 그 주변에는 자계가 발생한다.

자력이 작용하는 자계

자석이 서로 당기거나 밀어내는 힘을 **자력(磁力)**이라고 한다. 또한 자력이 미치는 범위를 **자계(磁界)**라고 하며, 자계는 **자력선(磁力線)**으로 나타낸다.

자기에는 S극과 N극의 극성이 있으며, 전기에는 플러스극과 마이너스극의 극성이 있다. 둘 다 서로 당기거나 밀어내는 것은 비슷하다. 그러나 전기의 플러스극과 마이너스극은 단독으로 존재할 수 있지만 자기의 S극과 N극은 단독으로 존재할 수 없다.

전류가 만드는 자계

도선에 전류가 흐르면 도선 주변에 원형상태의 자계가 발생한다. 전류 주변에 자계가 생기는 것이다. 이것을 **자기작용(磁氣作用)**이라고 한다.

자계는 전류가 흐르는 방향의 시계방향으로 발생한다. 나사가 들어가는 방향의 오른쪽으로 돌아가는 것과 같으므로 **오른나사의 법칙**이라고 한다. 또한 발견한 사람의 이름을 따 **앙페르의 법칙**이라고도 한다.

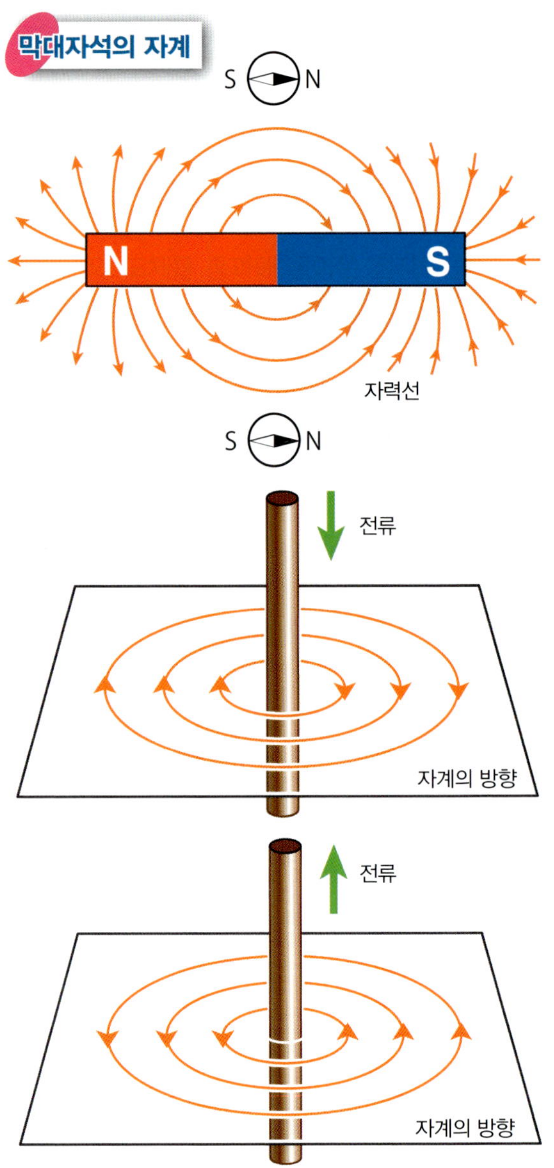

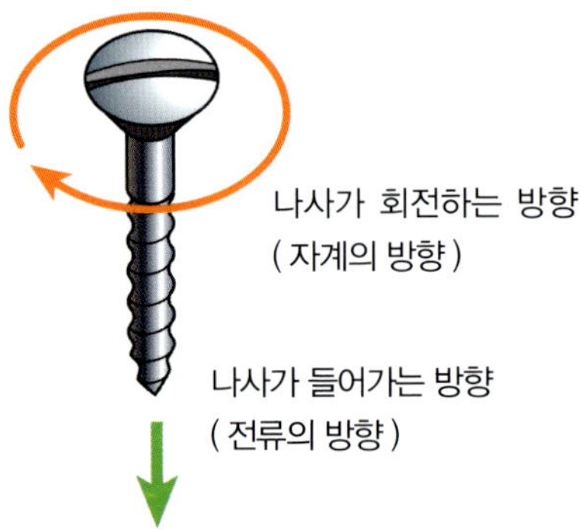

알기 쉬운 QR 11

코일(한 번 감음)이 만드는 자계

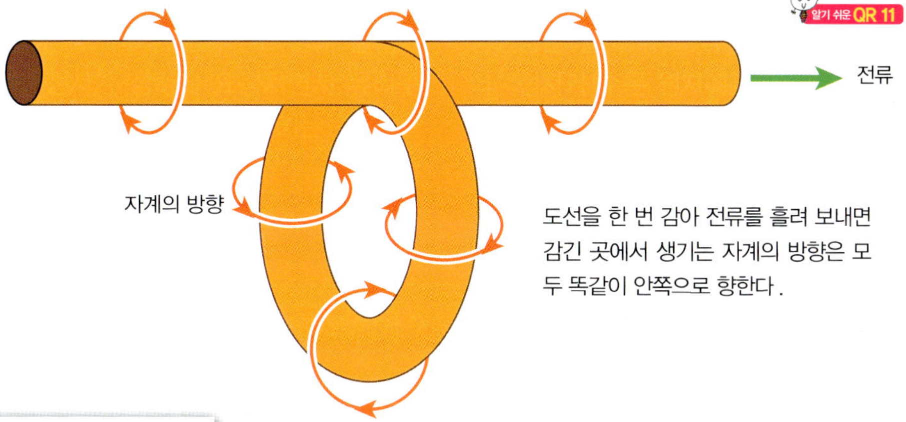

도선을 한 번 감아 전류를 흘려 보내면 감긴 곳에서 생기는 자계의 방향은 모두 똑같이 안쪽으로 향한다.

코일(다수 감음)이 만드는 자계

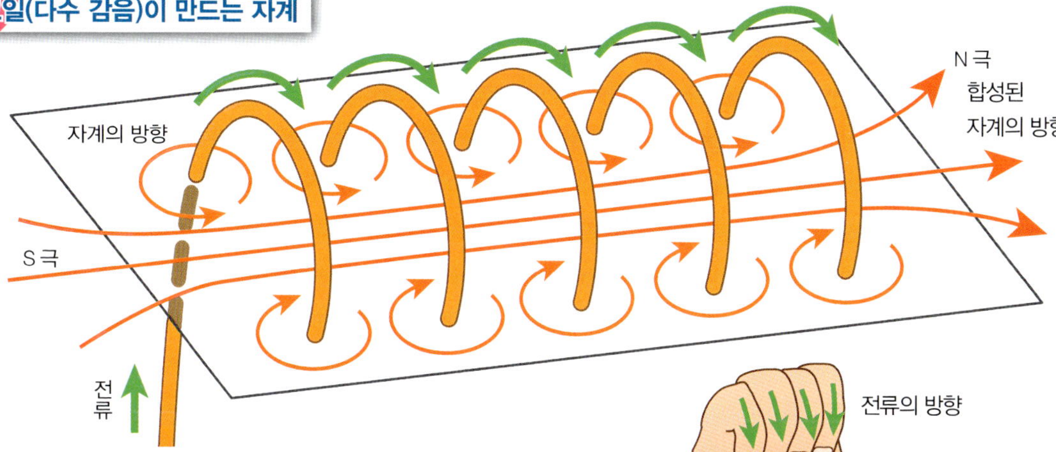

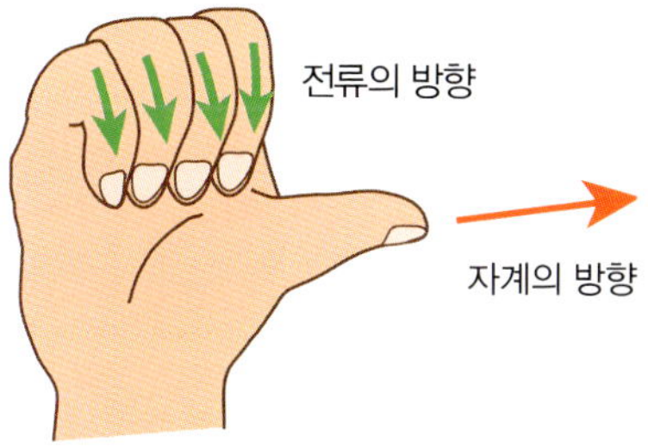

도선을 여러번 감은 코일에 전류를 흘려 보내면 자계가 모여 합성되면서 자력이 강해진다. 자력은 코일의 권수가 많을수록, 직경이 작을수록 강해진다.

코일에 흐르는 전류의 방향을 검지에서 약지까지로 한다면 자계의 방향은 엄지 방향이 된다.

철심이 들어간 코일이 만드는 자계

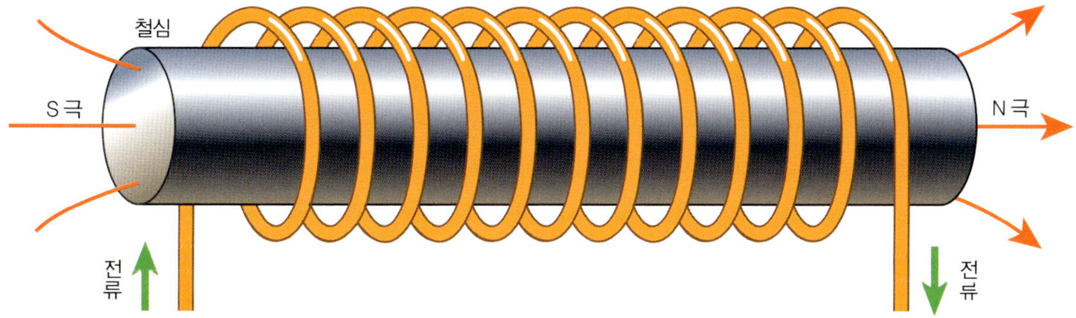

자석에 달라붙는 철은 강자성체라고 한다. 강자성체는 자계와 닿으면 자석의 성질이 나타난다 이것을 자기유도(磁氣誘導)라고 한다. 코일 안에 철심을 넣으면 자기유도에 의해 자력이 더 강해진다.

전자력(로렌츠의 힘)은 어떻게 발생하는가?

 플레밍의 왼손 법칙

자석의 자계 안을 지나가는 도선에 전류를 흘려 보내면 전류가 만든 자계와 자석의 자계가 서로 영향을 미쳐 물체를 움직이는 힘이 생긴다. 이것을 **전자력(電磁力)** 이라고 한다 (로렌츠 힘이라고도 한다).

이때 전류 방향, 자계 방향, 전자력 방향은 오른손의 중지, 검지, 엄지를 각각 직각으로 교차하듯 펼친 상태로 대응한다. 이것을 **플레밍의 왼손법칙** 이라고 한다.

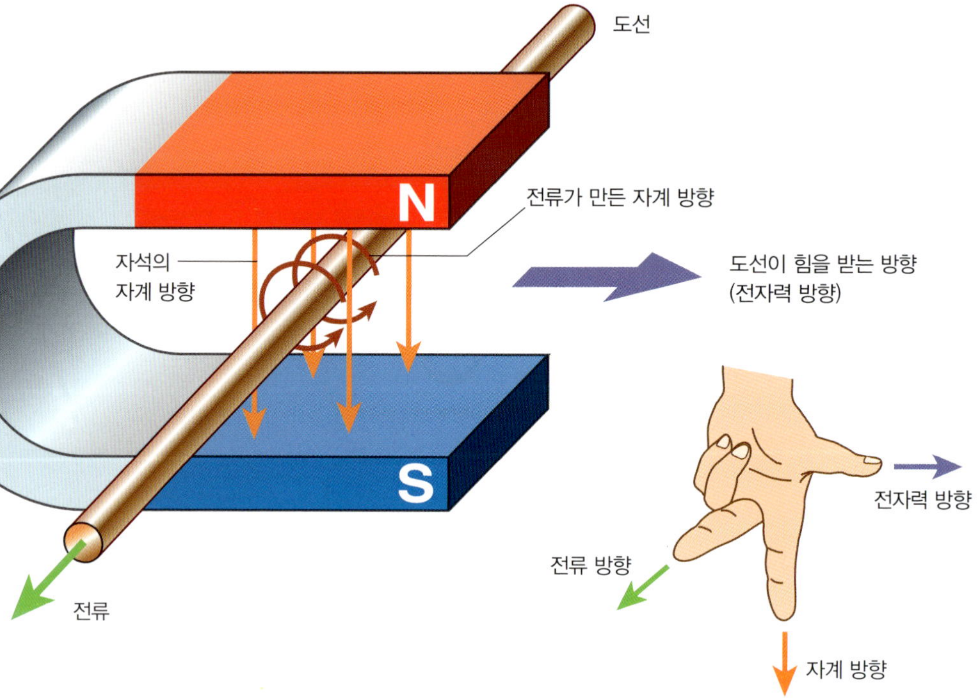

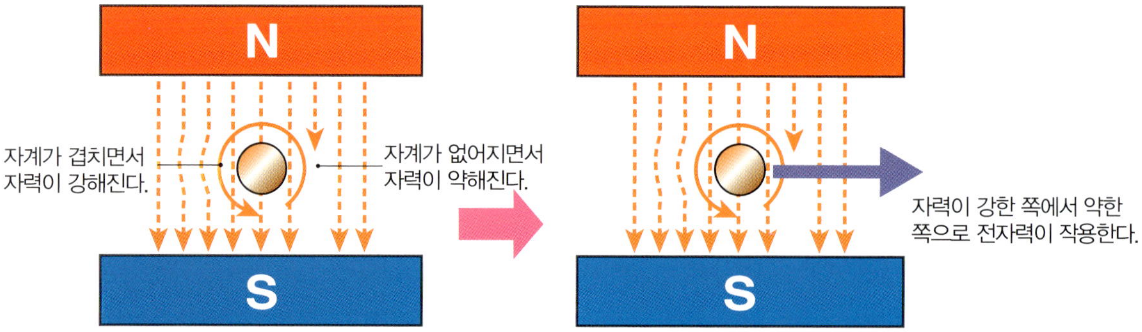

자석의 자계는 N 극에서 S 극으로 향하므로 그림에서는 위에서 아래가 된다. 전류가 만드는 자계는 오른쪽으로 돌기 때문에 그림에서는 시계반대 방향이 된다. 도선의 왼쪽은 양쪽 자계의 방향이 겹치기 때문에 자력이 강해지고, 오른쪽은 자계 방향이 서로 반대가 되므로 자력이 약해진다. 그러면 자력의 강도가 균등해지도록 도선에는 오른쪽으로 움직이는 힘이 작용한다. (전자력, 로렌츠 힘)

모터에 이용되는 전자력의 구조

　모터는 전기 에너지를 운동 에너지로 변환하는 장치다. 모터의 연속적인 회전 구조는 전자력을 이용한다.

　직류 전류를 이용하는 직류 모터는 영구자석과 회전자 코일, 정류자, 브러시로 구성되어 있다.

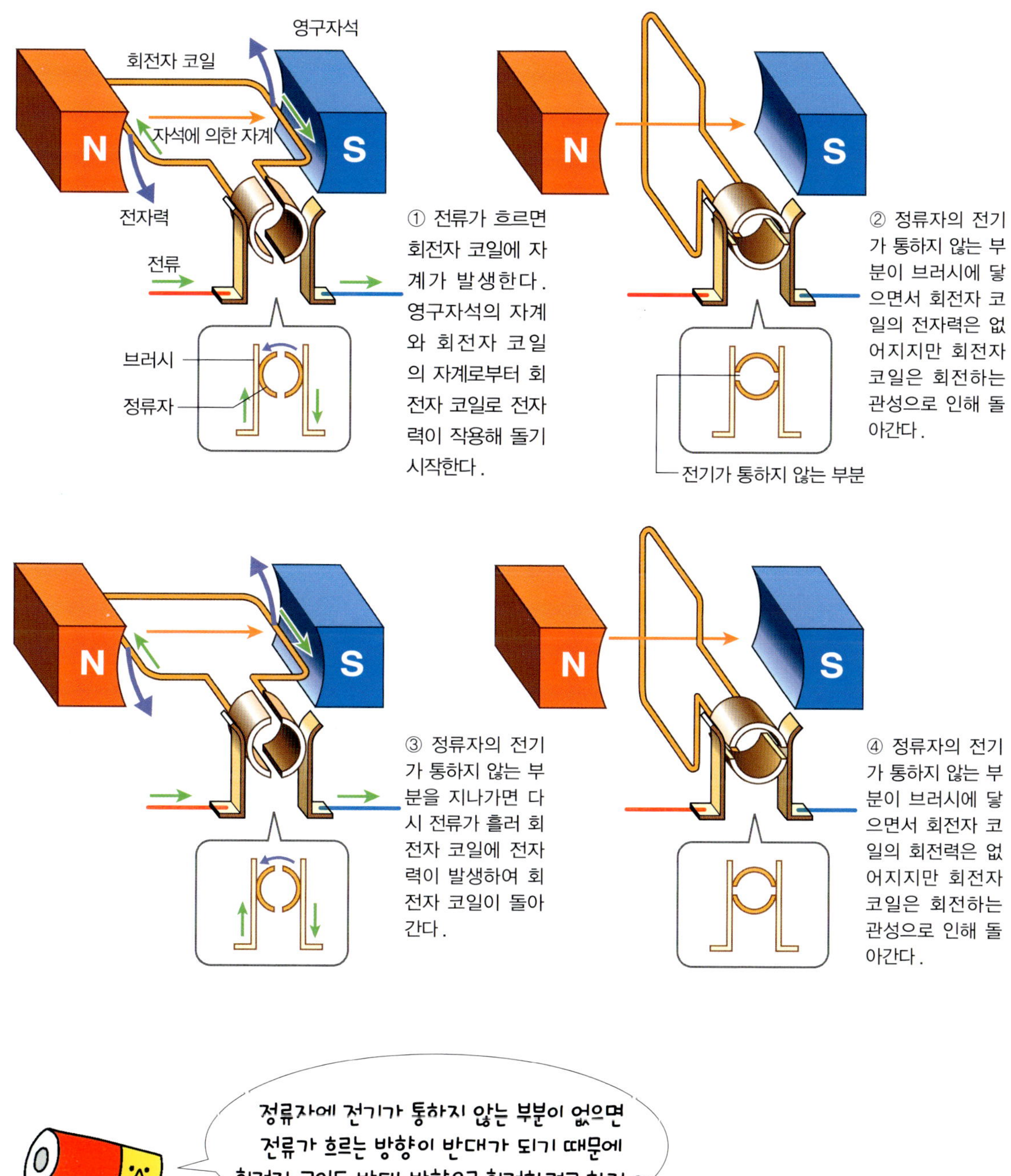

전자 유도는 어떻게 이루어지는가?

자계와 힘의 조합을 통해 전류를 흐르게 할 수 있다.

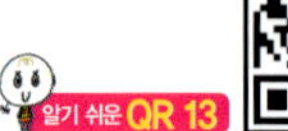

 플레밍의 오른손 법칙

자석의 자계 안으로 전류를 흘려 보내면 전자력이 발생하는데 반대로 자계와 힘을 통해 전류를 발생시킬 수 있다. 이것을 **전자 유도 작용**이라고 한다. 자석의 자계 안을 지나가는 도선을 움직임으로써 전류를 흐르게 하는 것이다.

이때 도선을 움직이는 방향, 자계 방향, 전류가 흐르는 방향은 오른손의 중지, 검지, 엄지를 각각 직각으로 교차하듯 펼친 상태로 대응한다. 이것을 **플레밍의 오른손 법칙**이라고 한다.

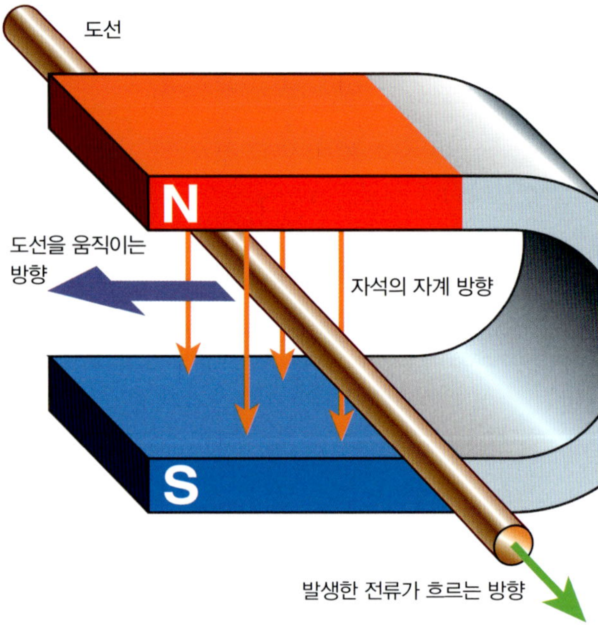

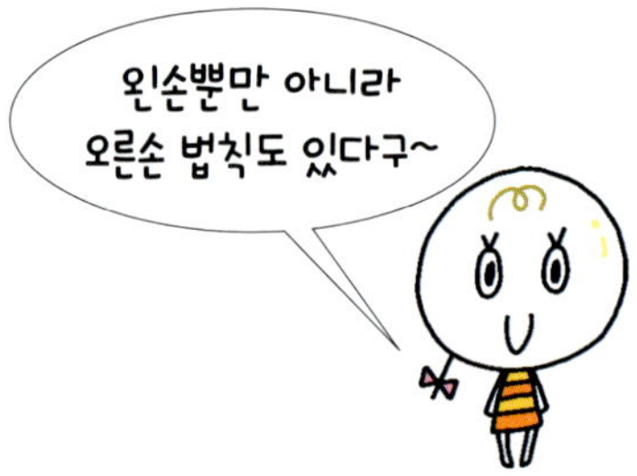

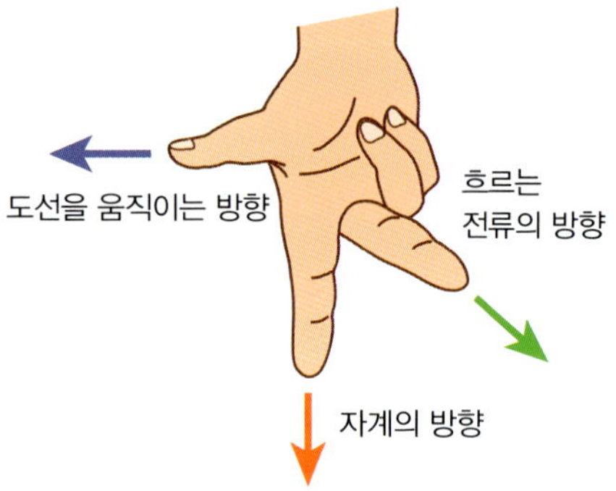

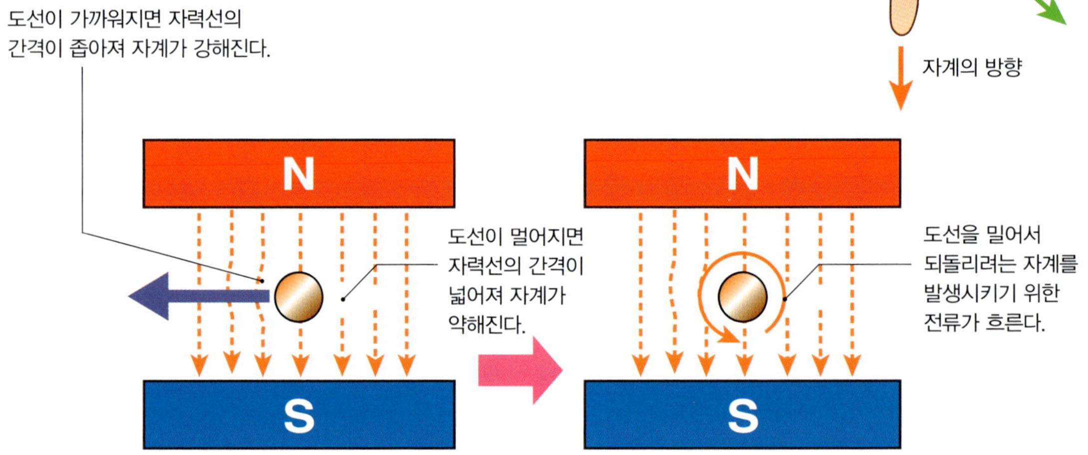

자석의 자계는 N 극에서 S 극으로 향하므로 그림에서는 위에서 아래가 된다. 그림과 같이 도선을 왼쪽으로 움직이면 도선을 오른쪽으로 밀어 되돌리기 위해 도선의 주변에 시계반대 방향에 자계가 발생하도록 안쪽에서 앞쪽을 향해 전류가 흐른다. (전자 유도 작용)

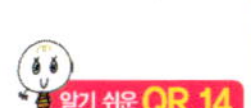

렌츠의 법칙

전자 유도 작용에 의해 흐르는 전류를 **유도 전류**라고 한다 . 또한 유도 전류의 기전력을 **유도 기전력**이라고 한다 . 유도 전류는 유도 전류에 의해 발생하는 자계가 자석의 자계 변화를 없애는 방향으로 흐른다 . 이것을 **렌츠의 법칙**이라고 한다 .

자계 안에서 도선을 움직일 때뿐만 아니라 도선을 감은 코일 안으로 자석을 넣었다 빼도 유도 전류가 흐른다 . 유도 전류는 자석을 빨리 움직일수록 강해진다 . 또한 자석의 자력이 강할수록 코일의 권수가 많을수록 강해진다 .

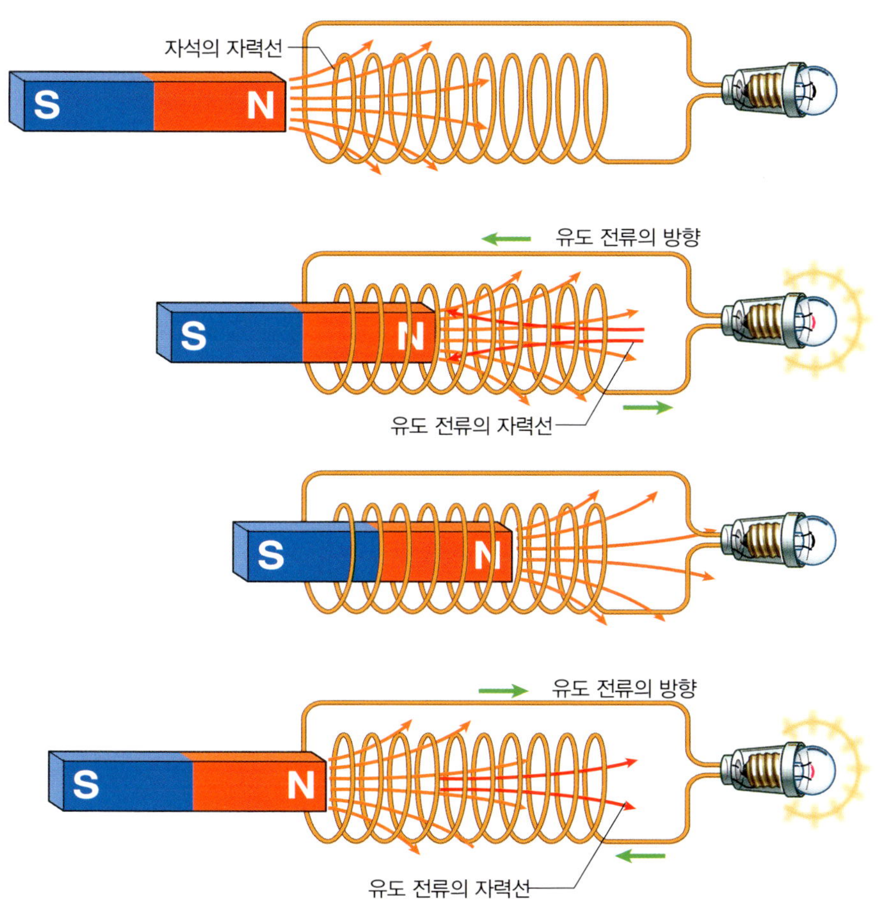

① 자석을 움직이지 않으면 자계가 변화하지 않기 때문에 유도 전류는 발생하지 않는다 .

② 자석을 코일 안으로 넣으면 유도 전류가 발생하여 자석의 자계 방향을 없애기 때문에 코일에는 자석과는 반대 방향의 자계를 발생시키는 전류가 흐른다 .

③ 자석을 움직이지 않으면 자계가 변화하지 않기 때문에 유도 전류는 발생하지 않는다 .

④ 자석을 코일 안에서 꺼내면 유도 전류가 발생하여 자석의 자계가 멀어지기 때문에 코일에는 자석과 같은 방향의 자계를 발생시키는 전류가 흐른다 .

유도 전류의 세기

- 자석을 빨리 움직일수록 강하다
- 자석의 자력이 강할수록 강하다
- 코일의 권수가 많을수록 강하다

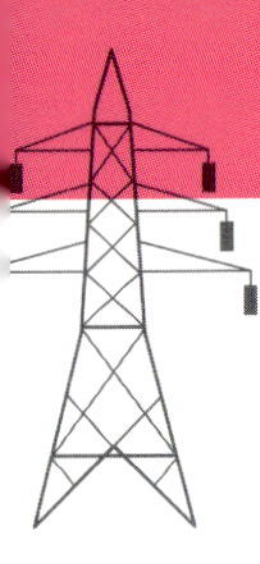

전지와 콘센트는 어떻게 다른가?

전류에는 직류와 교류 2가지 전류가 있다.

전지는 직류

전류가 흐르는 방향과 전압이 일정한 전류를 **직류 (直流)** 라고 한다. 전지는 전압의 크기와 플러스극·마이너스극이 정해져 있고 같은 방향으로 전류가 흐르기 때문에 직류다. 직류는 줄여서 DC 로 표현하는 경우도 있다.

그래프의 세로축에 전압, 가로축에 시간을 배치했을 경우 일직선으로 나타낼 수 있다. 교류를 정류회로 (p.98) 로 변환한 **맥류 (脈流)** (p.99) 는 전압이 변화하지만 전류의 흐름 방향이 일정하기 때문에 넓은 의미에서 직류라고 할 수 있다.

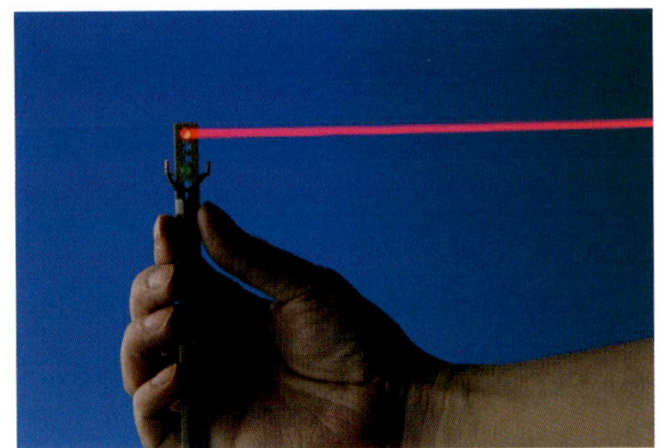

직류를 사용한 발광 다이오드

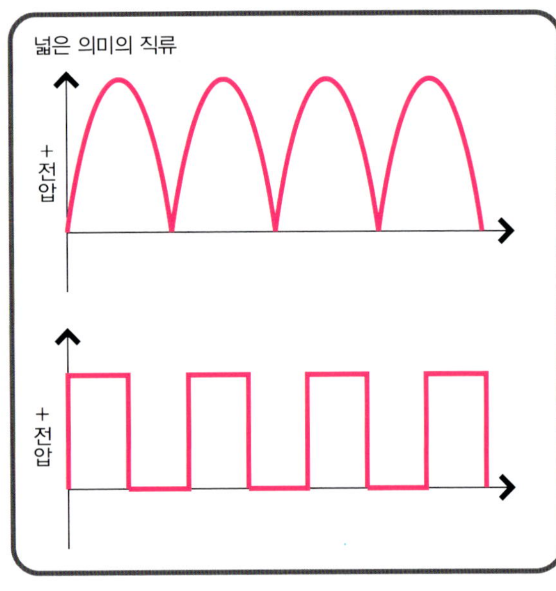

전압의 크기는 바뀌지만 전류가 흐르는 방향은 일정

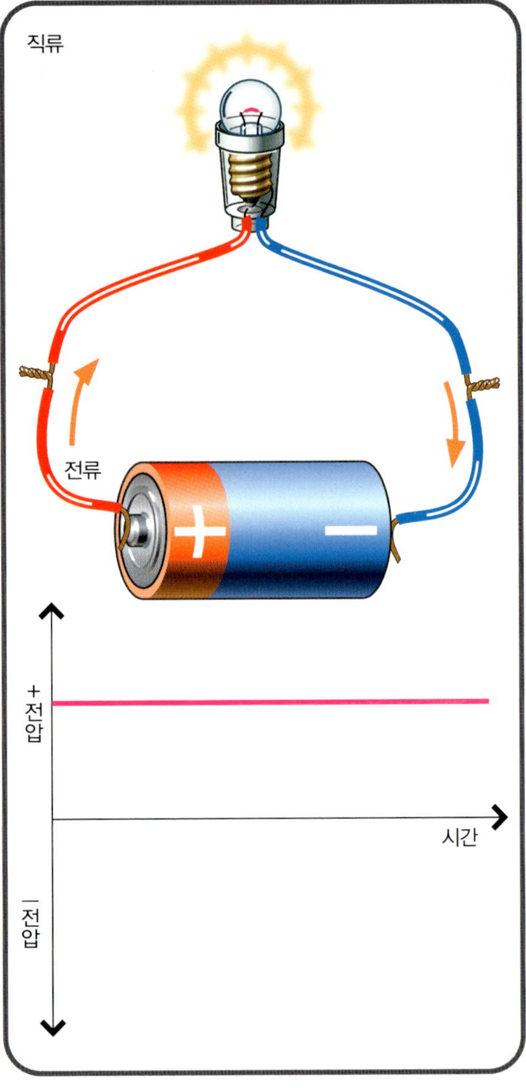

전압의 크기와 전류가 흐르는 방향이 일정

콘센트는 교류

전류가 흐르는 방향과 전압이 주기적으로 변화하는 전류를 **교류 (交流)** 라고 한다. 일반 가정의 전원으로 이용하는 콘센트 등은 전압의 크기와 플러스극 · 마이너스극이 일정한 주기로 바뀌기 때문에 교류이다. 교류는 줄여서 AC 로 나타내는 경우도 있다.

그래프의 세로축에 전압, 가로축에 시간을 배치했을 경우 정현파 (사인커브) 라고 하는 파형을 나타낸다.

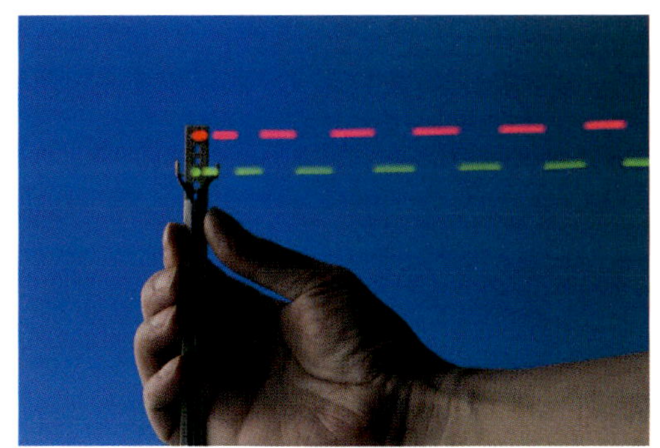

교류를 사용한 발광 다이오드

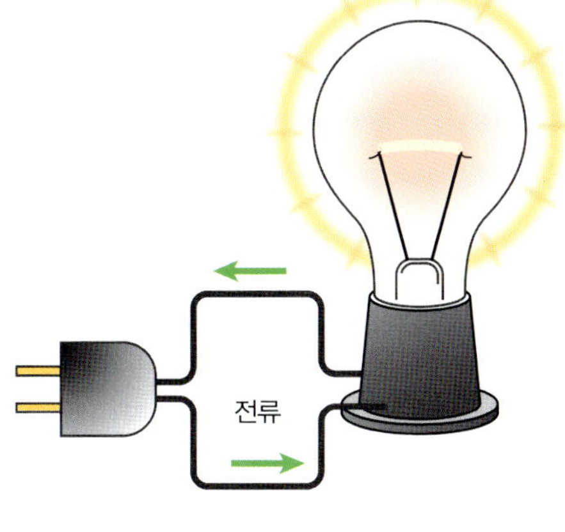

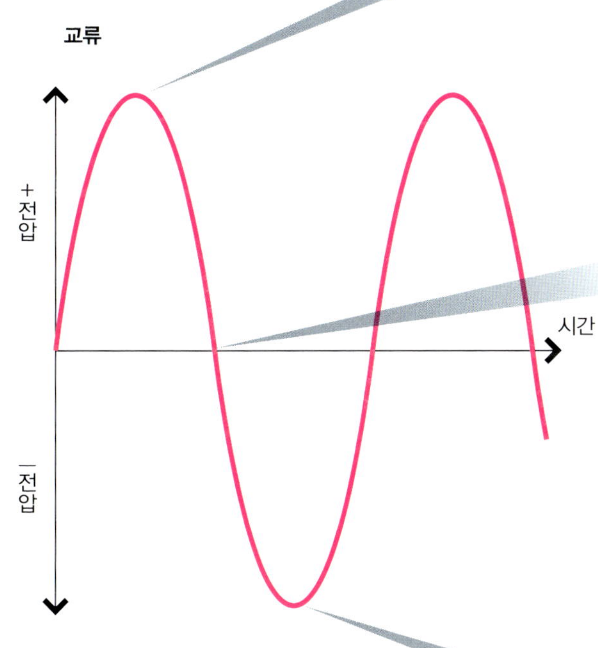

전압의 크기와 흐르는 방향이 주기적으로 바뀐다. 전압이 변화하기 때문에 교류를 흘려 보내면 전구는 눈으로는 알 수 없지만 밝았다 어두어지기를 반복한다. 또한 전류가 흐르는 방향이 바뀌는 순간 (플러스극과 마이너스극이 바뀌어 들어가는 순간) 에는 전구가 꺼져 있다.

전기와 관련된 학자 ①

프랭클린
(1706~1790)

미국의 정치가 · 문필가 · 외교관 · 철학자 · 과학자. 프랭클린은 미국으로 이민온 양초가게의 자식으로 태어나 자연과학에 흥미를 가졌다. 1746년 스코틀랜드에서 온 스벤 수의 실험을 보고 전기에 빠진다.
프랭클린은 라이덴병(콘덴서처럼 전기를 모을 수 있는 병) 안에서 일어나는 정전기의 불꽃과 번개를 똑같은 전기현상이라고 생각했다. 1752년 금속 막대를 붙인 연을 소나기구름 속으로 띄우고 연실에 라이덴병을 동여매 번개에서 라이덴병 속으로 전기를 끌어내는 데 성공했다. 그리고 번개와 라이덴병의 정전기 현상이 같다는 것을 실험으로 입증했다. 라이덴병에 모인 정전기는 원거리에 있던 끝이 날카로운 금속에 방전하는 것에서 피뢰침을 만들었다. 당시 피뢰침은 프랭클린의 막대, 라고 불리며 교회 지붕에 설치되었다.

히라가 겐나이 (1728~1779)

에도 중기의 박물학자 · 희극 작가 · 화가. 다카마츠번(가가와현)의 하위무사의 아들로 태어난 겐나이는 나가사키로 유학을 가 서양학문을 배운 후 에도로 나와 본초학이나 유학을 배웠다. 정전기 발생장치인 「일렉텔」외에 석면으로 만든 불연성 천(布)인 「화완포」, 만보계, 한난계 등, 많은 발명품을 세상에 선보였다. 또한 정월 첫 참배 당시 사는 화살(하마야)도 겐나이가 생각해낸 것이다.
일렉텔은 네덜란드에서 발명되어 에도시대 막부에 헌상되었다. 1770년 나가사키에 있던 겐나이는 부서진 일렉텔을 손에 넣어 그것을 토대로 일렉텔을 스스로 만들었다. 박스형태의 이 장치 외부는 목제, 내부에는 라이덴병이 있으며, 핸들을 돌려 내부의 유리를 마찰시킴으로 정전기를 방전시키는 것이었다. 겐나이가 만든 일렉텔은 통신종합박물관에 전시되어 있다.

볼타 (1745~1827)

이탈리아의 물리학자. 이탈리아 북부 코모에서 태어나 1774년 코모 왕립 학원의 물리학 교수가 되었다.
1778년 금속판과 절연체, 금속판으로 된 3층 구조의 전기 저장 콘덴서를 만들었다. 또한 1793년에는 「2종류의 금속 막대를 개구리 다리에 댔을 때 근육의 수축은 근육 속의 동물전기에 의한 것이다」라고 주장한 갈바니의 설을 부정하면서 「다른 종류의 금속이 접속해 전기가 발생한다」라고 주장했다. 이때부터 전기는 2종류의 금속 사이의 전위차라는 「볼타의 법칙」을 발견했다. 1800년에는 아연판과 구리판 사이에 염수를 배게 한 종이를 끼워 전기를 발생시키는 「볼타 전퇴(電堆)」라는 장치를 만들었다. 이것이 전지의 전신이 되었다. 현재 볼타의 이름은 전압의 단위를 나타내는 볼트[V]로 남아 있다.

제 2 장
한 방향으로만
흐르는
직류의 전기 회로
우리 주변의 전자제품은 전기 회로로 구성되어 있다.
이 장에서는 전기 회로를 바탕으로 주로 직류를 예로 들면서
중학생부터 고등학생 이상에서 필요한 전압·전류·저항에
대한 지식이나 다양한 법칙 등을 살펴보겠다.
GoldenBell

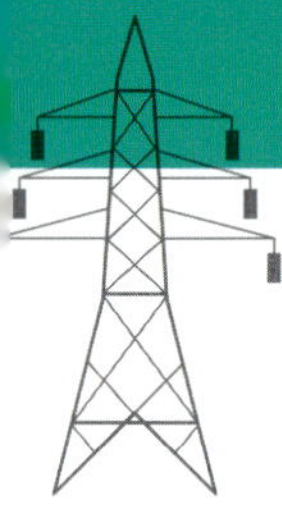

실물 배선도와 전기 회로도의 차이는?

⚡ 전기 회로와 전기 회로도

1장에서 살펴보았듯이 건전지와 연결된 꼬마전구는 불이 켜진다. 이것은 전류가 꼬마전구의 필라멘트로 흘러 열이 발생하기 때문이다. 건전지처럼 전기를 공급할 수 있는 바탕을 전원(電源)이라고 하며, 전기가 전달됨으로써 일하는 꼬마전구를 부하(負荷)라고 한다. 이처럼 전류가 돌면서 흐르는 길을 전기 회로라고 한다.

전기 회로를 구성하는 전원이나 꼬마전구 등의 부하를 회로 소자라고 한다. 이 전기 회로를 부품 외관과 도선으로 접속한 그림을 실물 배선도라고 하며, 각 회로 소자를 기호를 사용해 나타낸 그림을 전기 회로도라고 한다.

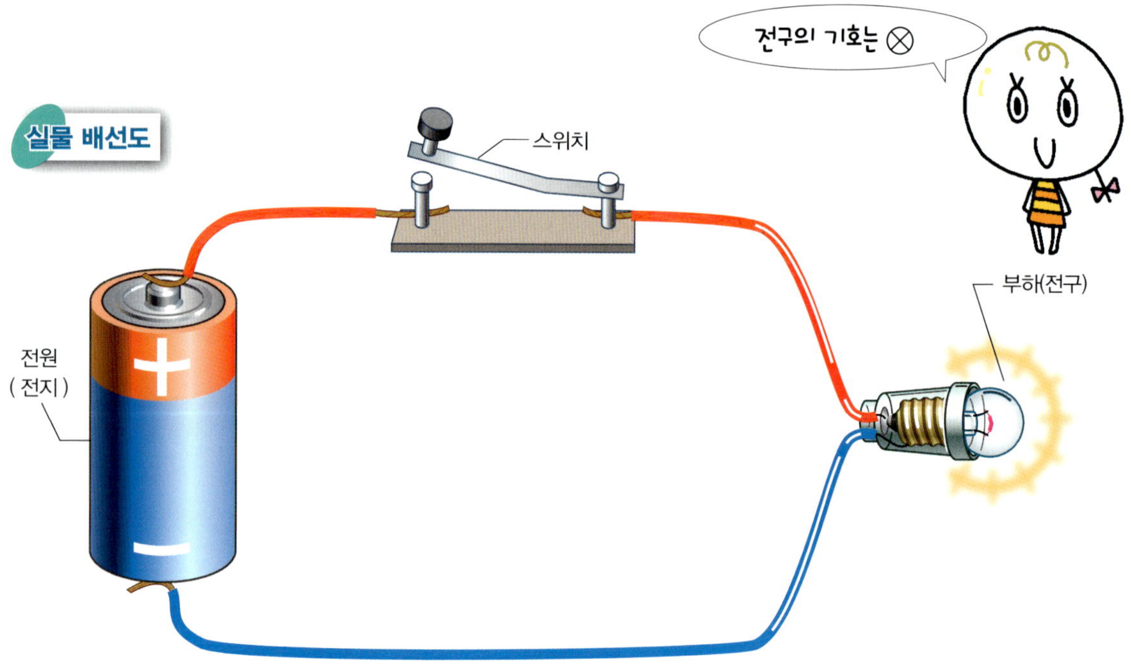

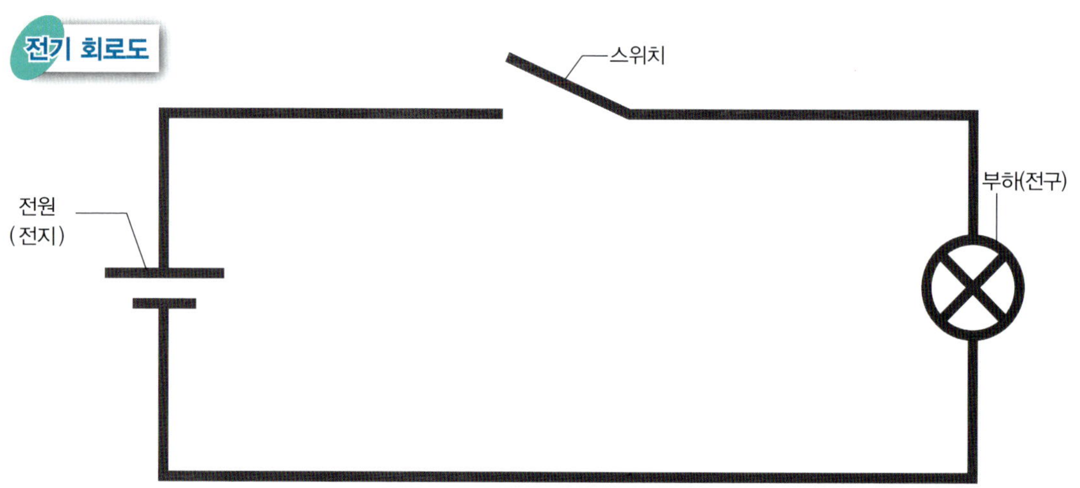

실물 배선도

전기 회로도

⚡ 전기 회로에 사용하는 기호

　꼬마전구와 전원, 스위치만 있는 회로는 단순하기 때문에 실물 배선도로도 알 수 있지만 휴대전화처럼 수 많은 회로 소자로 복잡하게 이루어진 회로는 실물 배선도로 나타내기 어렵다. 이러한 경우는 전기 회로도로 나타내는 것이 알기 쉽다.

　아래 기호는 전기 회로도에 사용되는 주요 전기용 그림기호다. 전기용 그림기호는 이 외에도 많다.

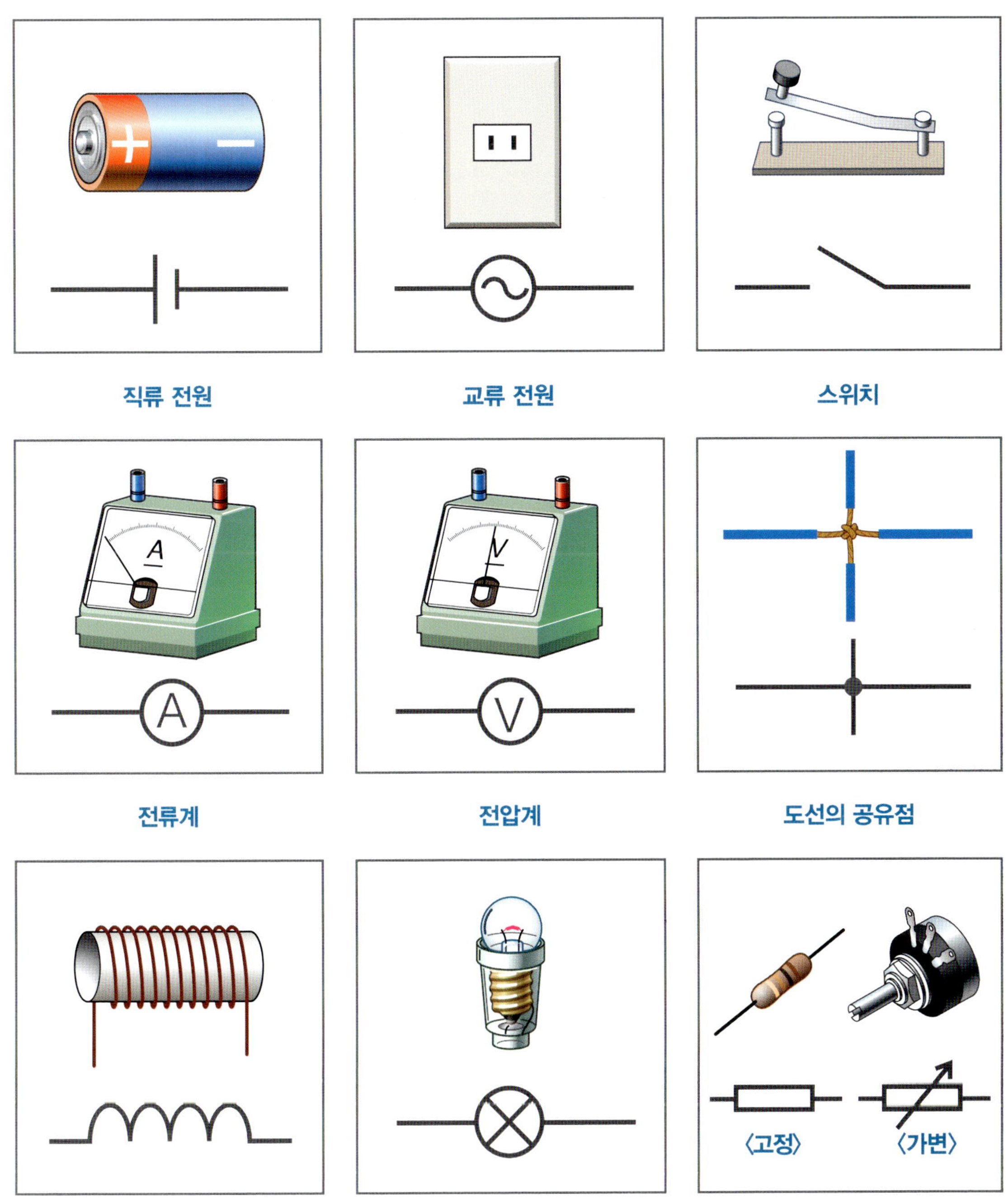

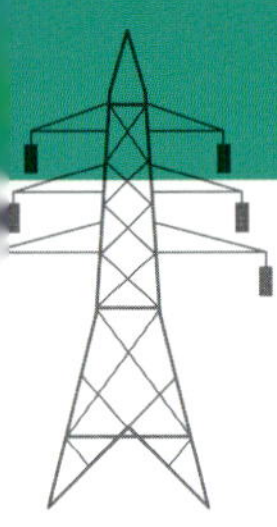

전류계와 전압계는 어떻게 연결하는가?

전류계는 직렬, 전압계는 병렬로 접속해 사용한다.

⚡ 전류계는 직렬로 접속

전기 회로가 설계한 대로 작동하고 있는지 확인하기 위해서는 전압과 전류의 크기를 측정해보면 된다. 전류의 크기란 1초 동안 도선 안을 통과한 전하의 양을 말한다. 단위는 암페어[A]를 사용한다. 1A=1,000mA 이다.

전류의 크기를 측정하는 계기를 전류계라고 한다. 측

정 원리는 1821년에 덴마크의 물리·화학자인 엘스테드가 발견한 전류의 자기 작용을 응용한 것이다. 전류계 바늘의 근원(根元)에 있는 코일에 전류가 흐르면 코일이 자석이 되어 바늘이 흔들린다.

전류계에는 직류용과 교류용이 있다. 부하에 대해서는 직렬로 연결한다.

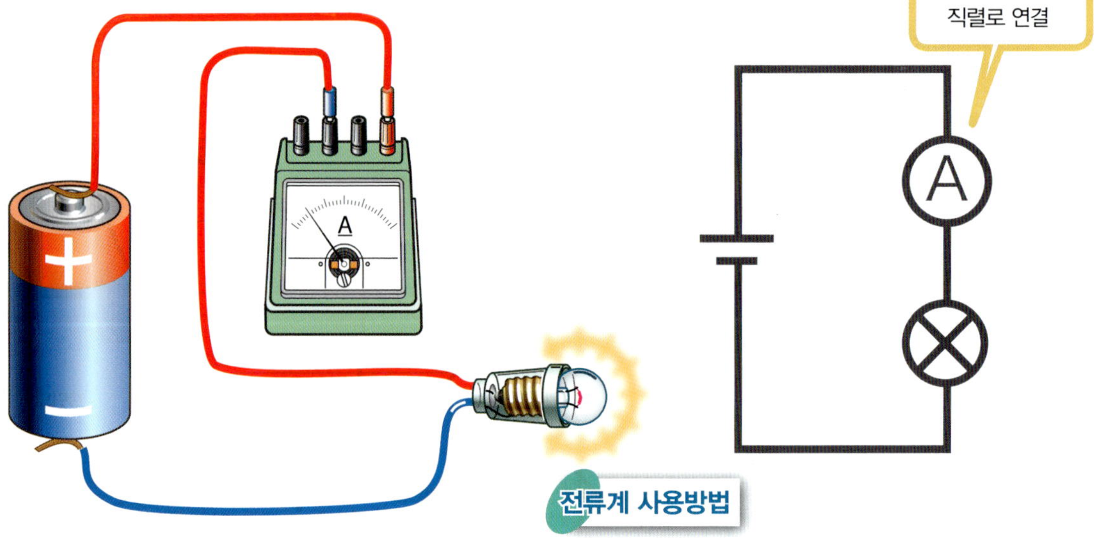

전류계 사용방법

전류계의 바늘을 조절나사로 0에 맞춘다. 건전지의 ＋극 쪽에 전류계의 ＋단자를 연결한다. −단자는 전류계에서 가장 큰 전류를 측정할 수 있는 5A 단자에 접속한다(큰 전류가 흐를 때 다른 단자를 이용하면 손상되기 때문에). 5A 단자를 이용하여 바늘이 별로 움직이지 않을 때는 500mA, 50mA 단자로 옮겨가며 순차적으로 접속해 측정한다. 전원과 직접 접속하는 것도 전류계가 손상되는 원인이기 때문에 반드시 부하를 연결하고 나서 사용한다.

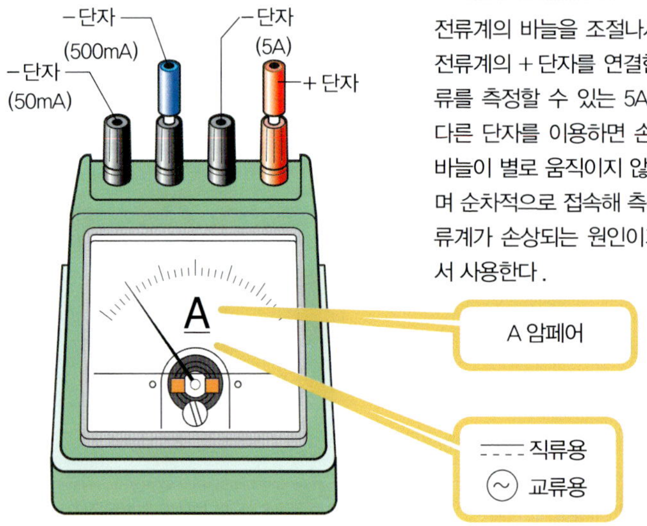

⚡ 전압계는 병렬로 연결

전류는 전기 회로의 전위차 때문에 흐른다. 이 전위차를 전압이라고 하며, 단위는 볼트[V]로 표시한다. 전압은 전압계를 사용해 측정할 수 있다. 측정하려는 2개 점 사이에 병렬로 접속한다. 전압계를 직렬로 접속하면 전류가 회로로 흐르지 못한다. 이유는 전압계에 큰 저항이 들어가 있기 때문이다. 전압계는 전류와 저항으로부터 전압을 이끌어낸다.

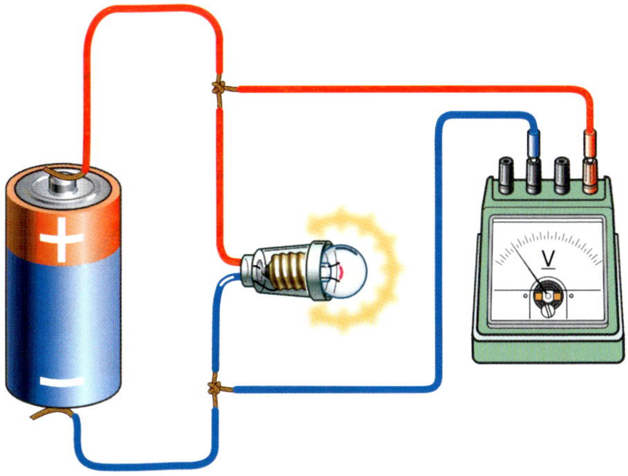

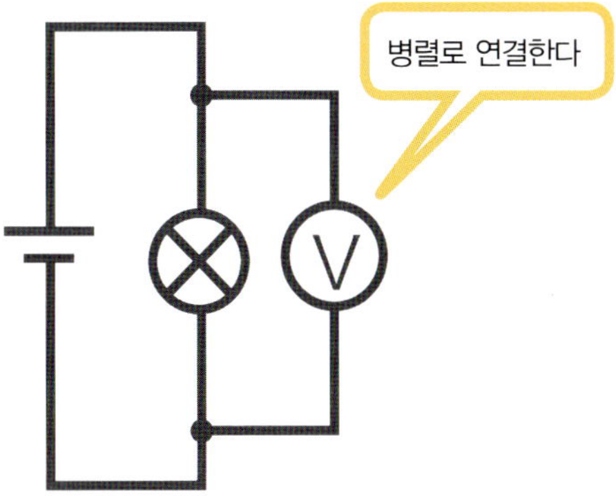

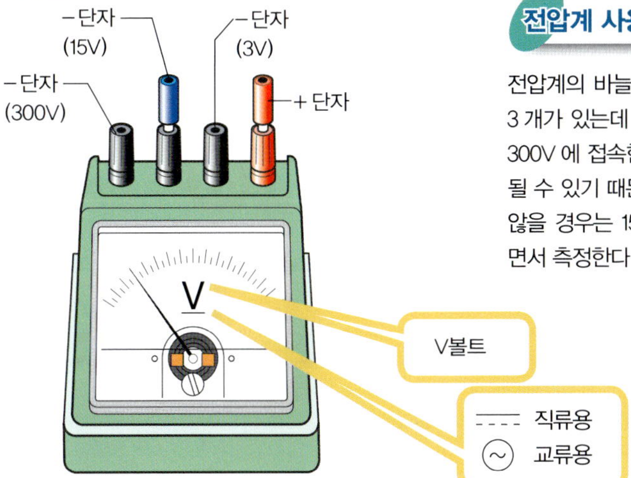

전압계 사용방법

전압계의 바늘을 조절나사로 0에 맞춘다. 측정용 단자는 3개가 있는데 처음에는 가장 높은 전압을 측정할 수 있는 300V에 접속한다(큰 전압이 걸렸을 때 다른 단자는 손상될 수 있기 때문에). 300V 단자에서 바늘이 별로 움직이지 않을 경우는 15V, 3V 단자로 옮겨가며 순차적으로 접속하면서 측정한다.

테스터(회로계)

테스터는 직류 전류, 교류 전압, 직류 전압, 저항값 등을 측정할 수 있다. 또한 단선 유무에 대한 판단도 가능하다. 테스터안에는 자계 안에 코일이 배치되어 있다. 그래서 전류가 흘렸을 때 발생하는 전자력을 이용해 측정한다.

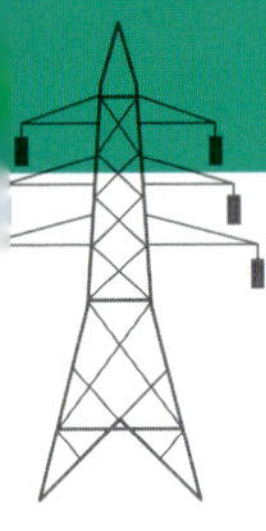

직렬과 병렬 회로에서의 전류는?

저항의 연결 방법에 따라 전류의 세기는 달라진다.

⚡ 저항의 연결 방법

금속 등의 도체에 전류의 흐름을 어렵게 하는 것을 전기 저항 또는 단순히 저항이라고 한다. 단위는 옴[Ω]으로 나타낸다. 1V의 전압을 걸었을 때 1A의 전류가 흐르는 저항은 1Ω이다.

꼬마전구도 저항의 일종으로 2개 이상의 저항을 일렬로 접속하는 전기 회로를 직렬 저항 회로라고 하며(단순히 직렬 회로라고도 한다), 병렬로 접속하는 회로를 병렬 저항 회로라고 한다(병렬 회로라고도 한다).

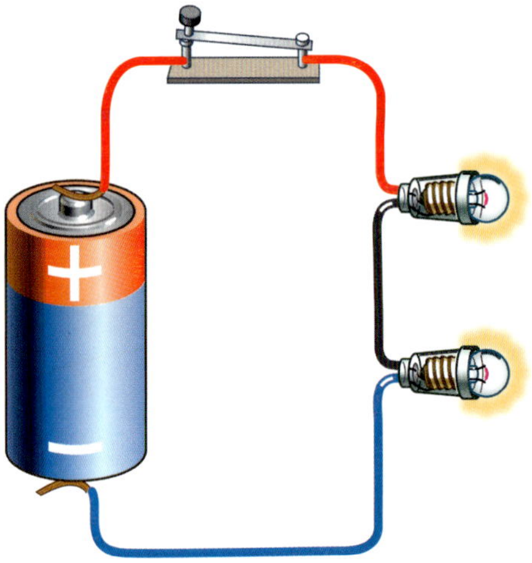

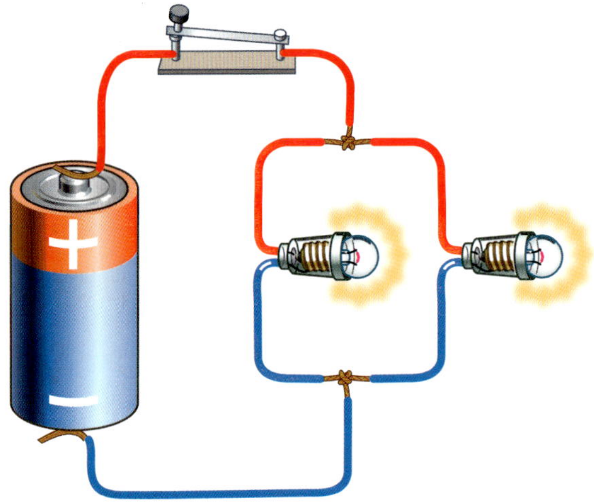

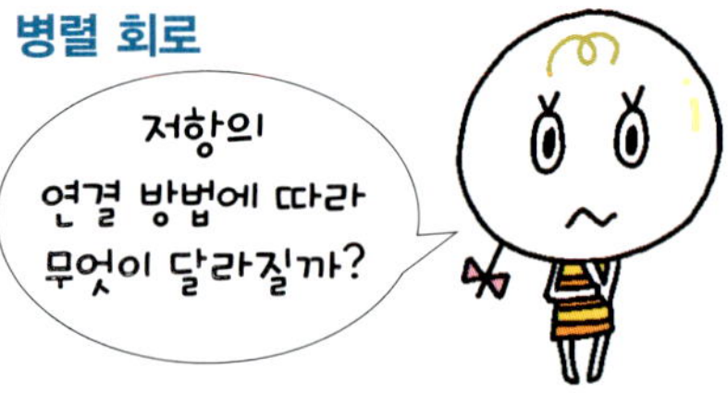

건전지의 전기용 그림기호

건전지 여러 개를 접속해 전원으로 사용할 경우 그 전기용 그림기호(회로기호)는 몇 개를 접속했을 경우라도 긴 선과 짧은 선으로 표시한다. 긴 선은 플러스극, 짧은 선은 마이너스극을 나타낸다. 또한 건전지를 병렬로 연결한 경우라도 같은 기호로 나타낸다.

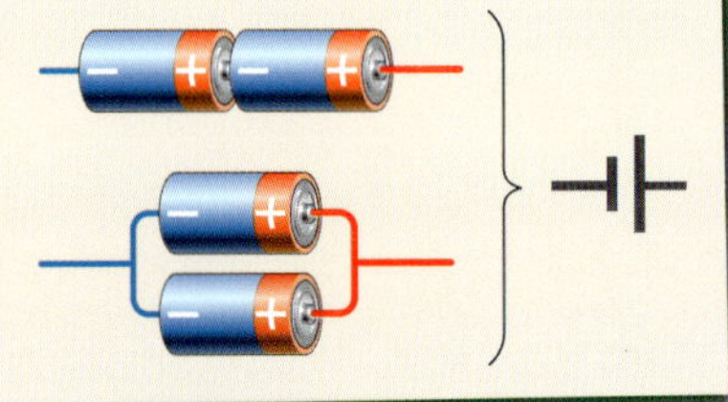

직렬 회로와 병렬 회로의 전류

꼬마전구 등과 같이 회로의 저항이 되는 것을 직렬로 접속한 회로와 병렬로 접속한 회로에서는 전류의 크기가 달라진다.

직렬 회로에 흐르는 전류는 어떤 지점에서도 전류의 크기는 동일하다. 병렬 회로에 흐르는 전류는 도선이 갈라지기 전의 전류 크기와 도선이 합류한 후의 전류 크기가 동일하다. 또한 갈라진 전류의 합은 갈라지기 전이나 합류한 후의 전류 크기와 동일하다.

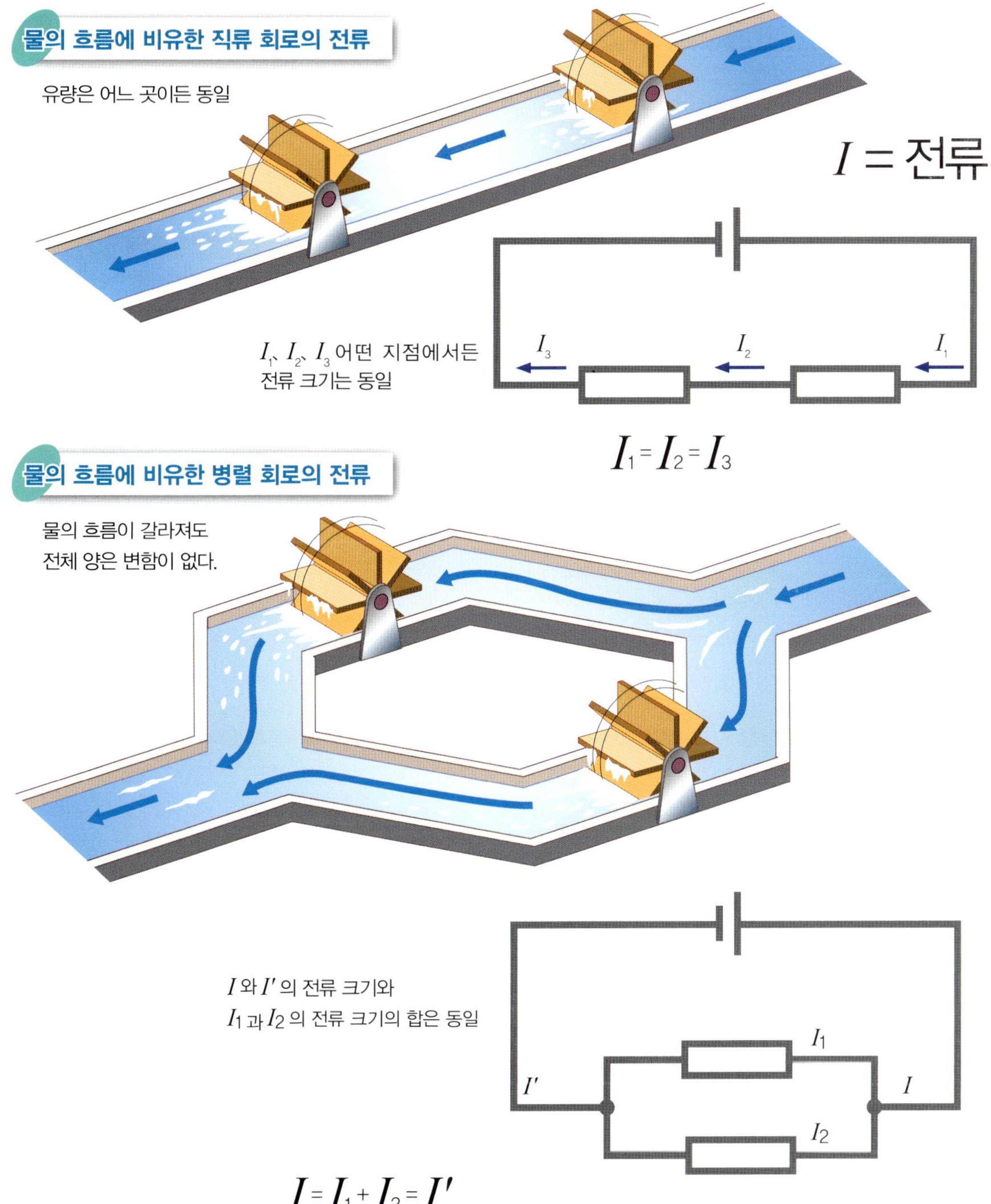

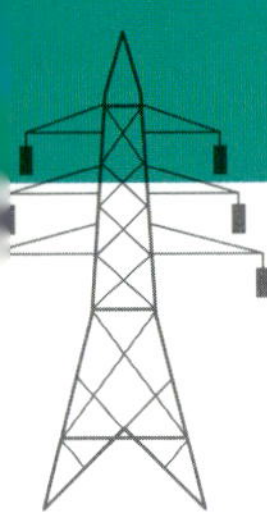

직렬과 병렬 회로에서의 전압은?

저항의 연결 방법에 따라 전압 높이는 달라진다.

⚡ 직렬 회로와 병렬 회로의 전압

저항을 직렬로 접속한 회로와 병렬로 접속한 회로에서는 전압의 연관성이 달라진다.

직렬 회로에서는 각 저항에 걸리는 전압의 합이 전원의 전압과 똑같다. 병렬 회로에서는 모든 저항에 걸리는 전압과 전원의 전압이 동일하다.

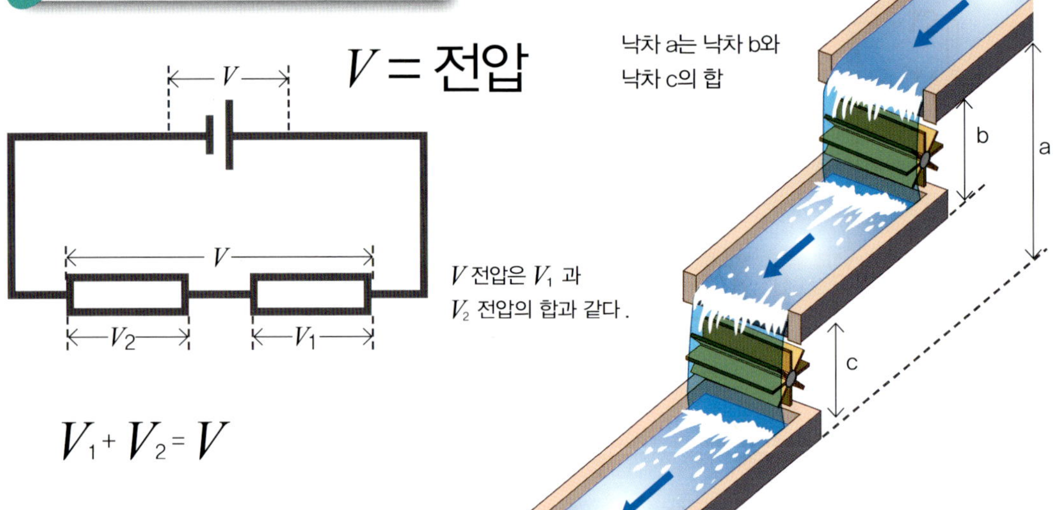

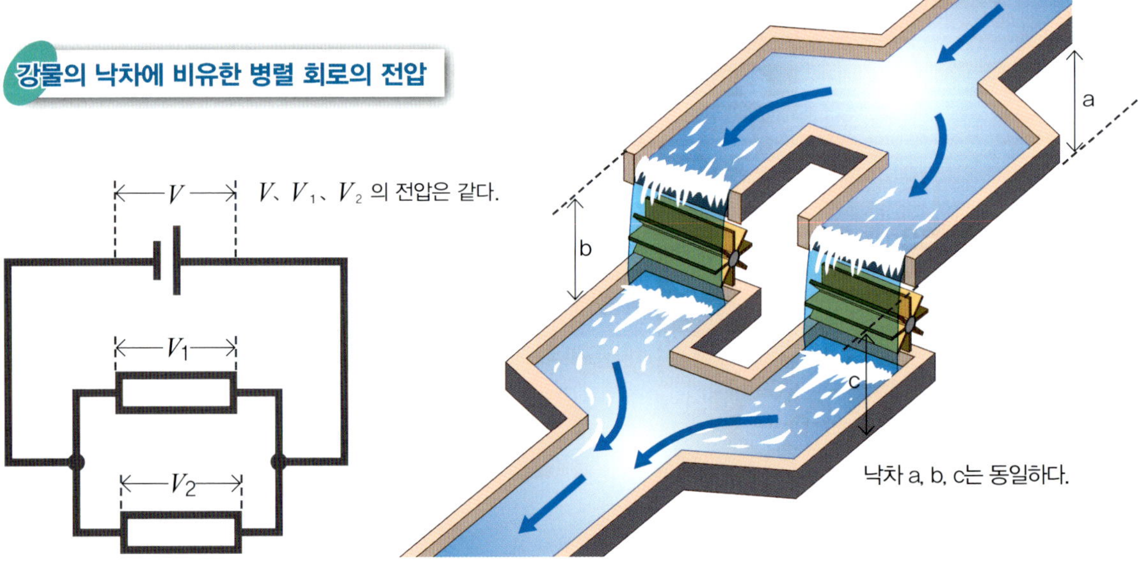

전원 장치와 저항기

전기 회로에 사용하는 회로 소자 안에서 가장 기본적인 것이 전압을 자유롭게 바꿀 수 있는 전원 장치와 저항을 자유롭게 바꿀 수 있는 저항기 (가변 저항기라고 한다) 이다 .

✎ 전원 장치

전원 장치는 전압을 높이거나 낮출 수 있다 . 또한 안정적인 전압을 출력할 수도 있다 .
전원 장치 안에는 직류와 교류를 전환할 수 있는 것도 있다 .

전원 장치

✎ 저항기

전기 회로 안에서 부하 (저항) 가 되는 것은 전기 에너지를 빛 에너지로 변환하는 꼬마전구 외에도 저항기가 있다 . 저항기는 회로의 전압을 제한하거나 분압 (分壓) 하기 위해 이용한다 . 저항기에는 저항의 크기를 자유롭게 바꿀 수 있는 가변 저항기도 있다 .

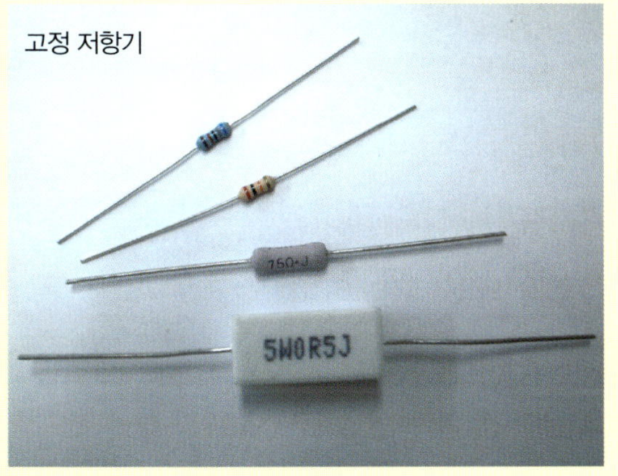

고정 저항기

가변 저항기

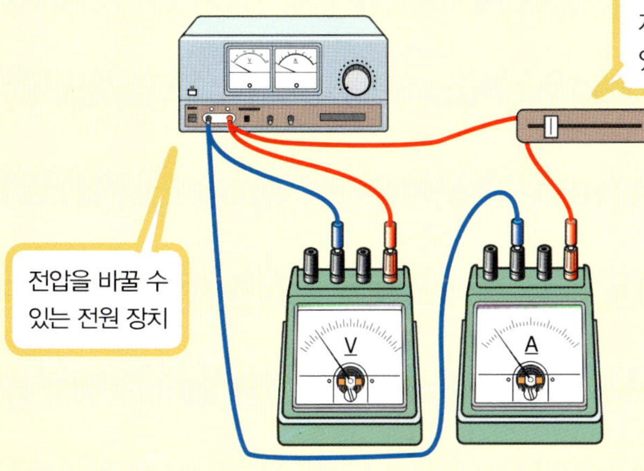

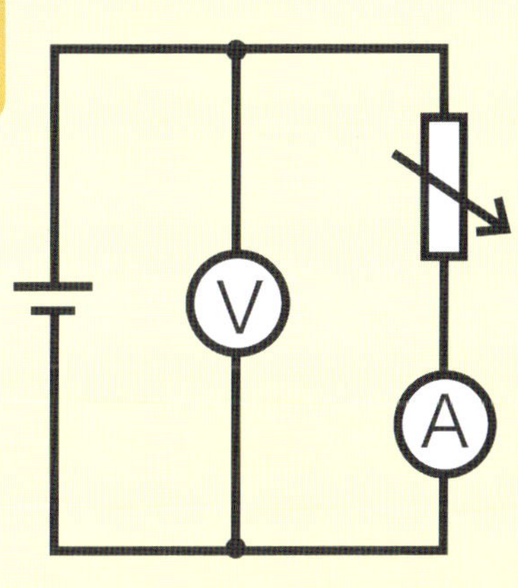

전압·전류·저항은 어떤 관계인가?

전기 회로는 옴의 법칙으로 이루어져 있다.

⚡ 옴의 법칙

전원과 저항을 접속한 전기 회로에서 저항 R 이 일정할 때 전압 E 를 높이면 전류 I 도 커진다. 또한 전압 E 가 일정할 때 저항 R 을 크게 하면 전류 I 는 작아진다. 즉, 전기 회로에 흐르는 전류 I 는 전압 E 에 비례하고 저항 R 에 반비례한다.

이 법칙을 **옴의 법칙**이라고 하며, 1826 년 독일의 물리학자 조지 시몬 옴이 발견했다. 옴의 법칙은 전기 회로의 기본적인 법칙이다.

전기 회로에서는 약어를 사용하는 경우가 많다. 전류는 I, 전압은 E 또는 저항은 R 로 표시한다.

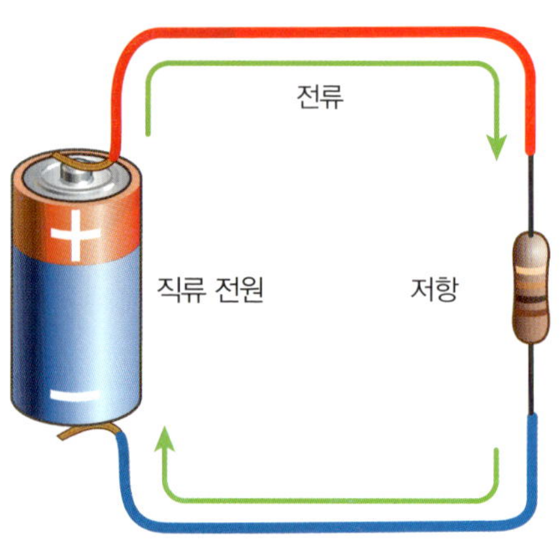

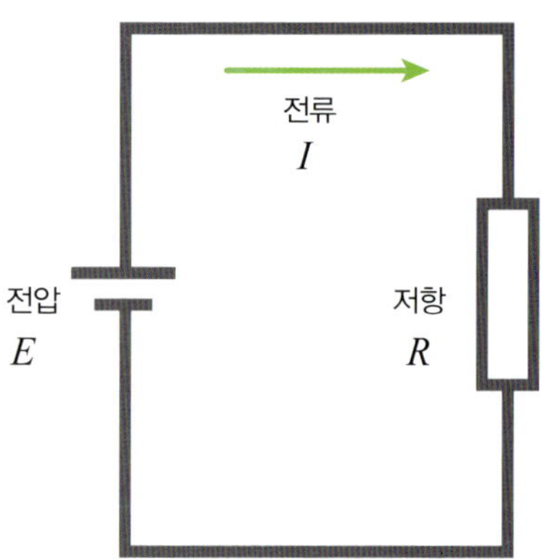

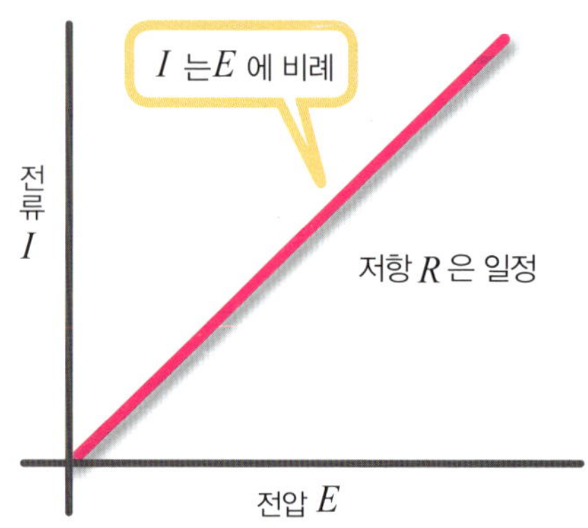

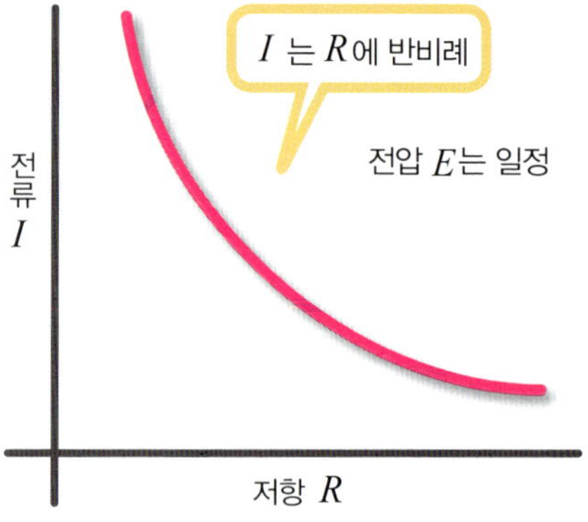

$$I = \frac{E}{R} \quad E = IR \quad R = \frac{E}{I} \quad \cdots\cdots \text{옴의 법칙}$$

전원의 전압과 저항의 전압

회로에 전류를 공급하는 전원의 전압을 기전력이라고 한다. 기전력에 의해 회로에 흐른 전류가 저항에 부딪쳤을 때 저항에는 전류×저항의 전압이 걸리게 된다(옴의 법칙). 이 저항에 생기는 전압을 **전압 강하**라고 한다.

전원에 저항을 하나만 연결한 간단한 회로에서는, 전원의 전압(기전력)과 저항에 걸리는 전압(전압 강하)이 똑같다.

실은 회로의 도선도 저항이 있다. 굵은 도선 쪽이 저항은 작긴 하지만 매우 작은 저항이므로 일반적으로 도선의 저항은 0으로 취급한다.

$$E = V = IR$$

물의 흐름에 비유한 옴의 법칙

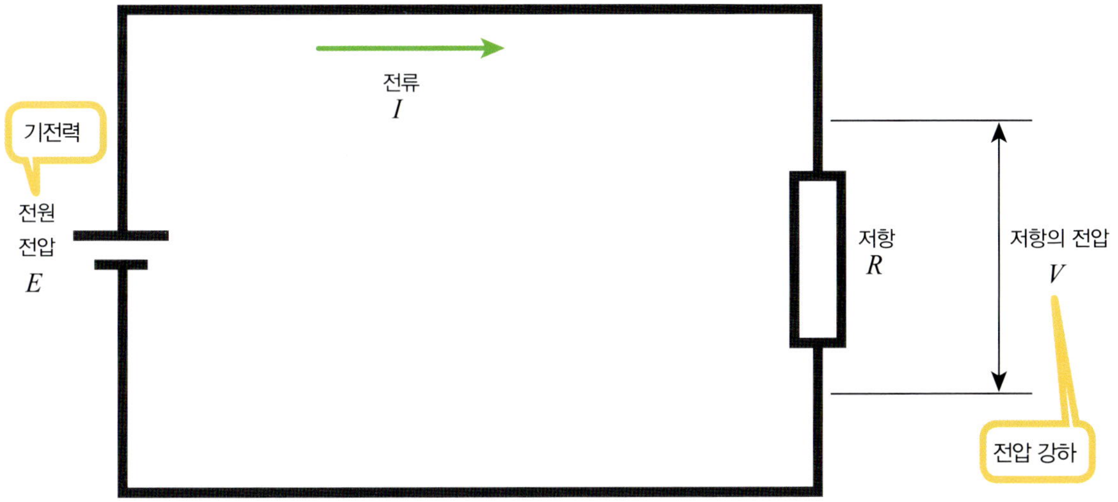

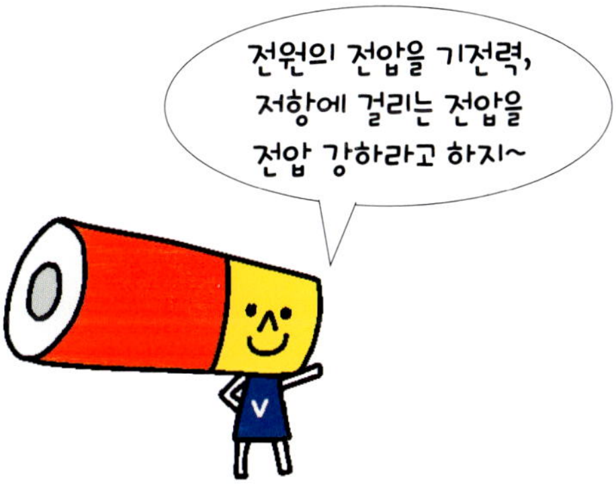

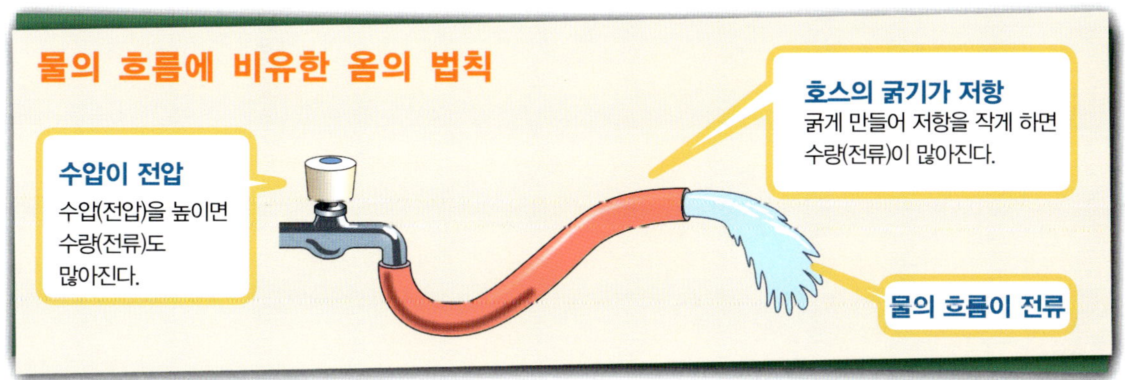

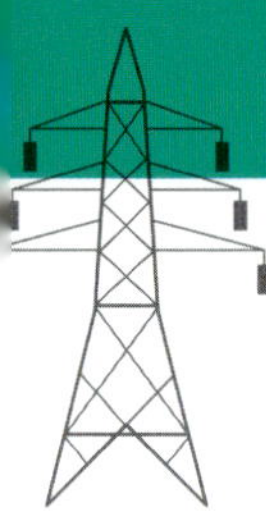

직렬 회로의 합성 저항은?

직렬로 접속된 저항의 합성 저항은 각 저항값의 합으로 구한다.

⚡ 직렬 저항 회로의 합성 저항

R_1 과 R_2 2 개의 저항이 회로에 있을 경우 이 2 개의 저항을 합친 것을 **합성 저항**이라고 한다. 2 개의 저항이 직렬로 접속되어 있을 때 전기 회로를 흐르는 전류 I 는 일정하지만 2 개의 저항에 걸리는 전압은 다르다. 옴의 법칙에 의해 각각 $V_1 = R_1 \times I$, $V_2 = R_2 \times I$ 가 된다. 전원 전압 E 는 V_1 과 V_2 의 합이므로 $E = V_1 + V_2 = IR_1 + IR_2$ 가 된다. $IR_1 + IR_2$ 는 $I\,(R_1 + R_2)$ 로 바꿀 수 있으므로 $E = I\,(R_1 + R_2)$ 로 나타낼 수 있다. 이 식으로부터 2 개의 저항을 직렬로 접속한 경우 합성 저항 (R_0) 은 각 저항값의 합이 된다.

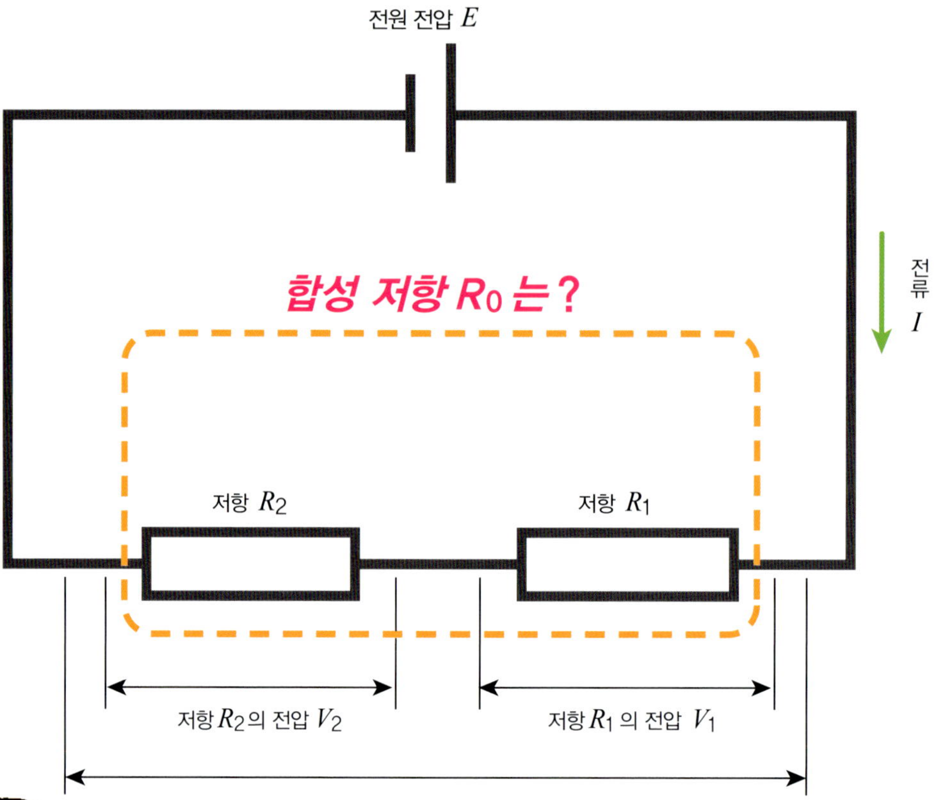

저항의 직렬 접속에서 E 는 V_1 과 V_2 의 합이므로 $E = V_1 + V_2$
저항의 직렬 접속에서 I 는 R_1 과 R_2 에 똑같이 흐르므로
옴의 법칙 $E = IR$ 로부터 $V_1 = IR_1$、$V_2 = IR_2$ 로 나타낼 수 있다.
이 식은 $E = V_1 + V_2$ 에 대입하여
$E = IR_1 + IR_2 = I\,(R_1 + R_2)$ 이 된다.
합성 저항

$$\text{합성 저항}\ R_0 = R_1 + R_2$$

⚡ 전압 강하

합성 저항 R_0 과 전원 전압 E 를 알면 전압 강하를 구할 수 있다. $E = 10$ [V]、$R_1 = 7$ [Ω]、$R_2 = 3$ [Ω]일 때 합성 저항 R_0 는 $R_1 + R_2$ 이므로 7 [Ω] + 3 [Ω] = 10 [Ω]이다. 이 전기 회로에 흐르는 전류 I 는 $I = \dfrac{E}{R}$ 로 부터 10 [V] ÷ 10 [Ω] = 1 [A]가 된다. R_1 과 R_2 의 전압 강하는 $E = IR$ 는 $V_1 = 7$ [Ω] × 1 [A] = 7 [V]、$V_2 = 3$ [Ω] × 1 [A] = 3 [V] 가 된다. 직렬 회로에서는 전압이 저항마다 떨어지므로 저항에 걸리는 전압을 전압 강하라고 부르는 것이다.

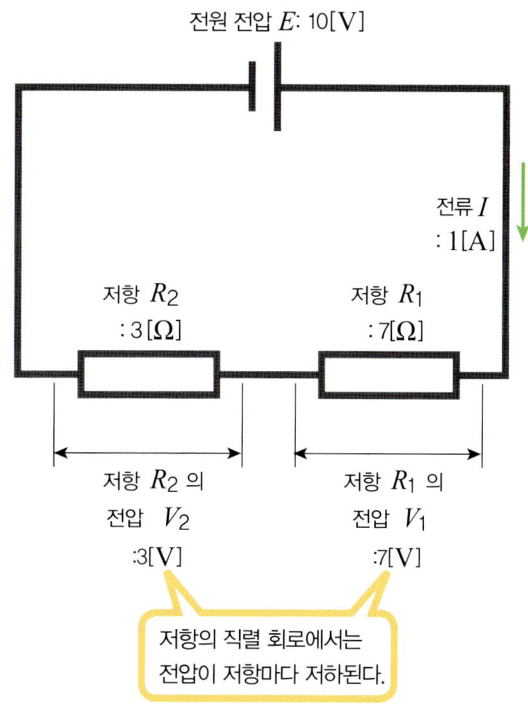

⚡ 분압

전기 회로에서는 저항의 직렬 접속을 이용해 전압을 나눈다. 이것을 **분압 (分壓)** 이라고 한다. 2 개의 저항 R_1 과 R_2 가 직렬로 접속되어 있을 때 각 저항에 걸리는 전압 (전압 강하) V_1 과 V_2 를 구하는 공식은 $V_1 = V_0 \dfrac{R_1}{R_1 + R_2}$、$V_2 = V_0 \dfrac{R_2}{R_1 + R_2}$이다. 이것은 **구하려는 전압 = 전원의 전압×전압을 구하려는 지점의 저항 ÷ 합성 저항**으로 바꾸어 말할 수 있다. 즉, 각 저항에 걸리는 전압은 그 저항의 크기에 비례해 분압된다.

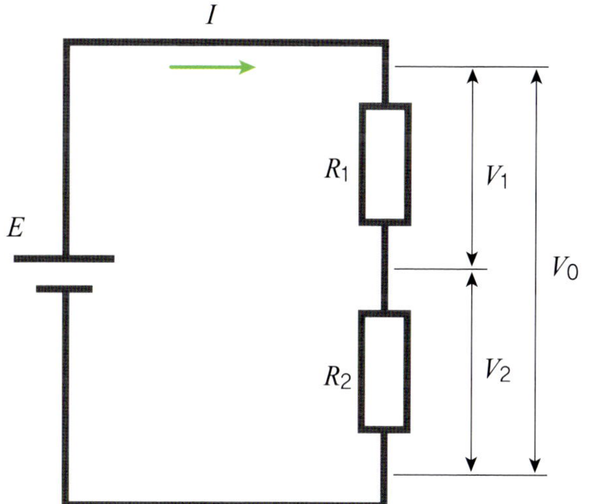

분압의 공식

$$V_1 = V_0 \frac{R_1}{R_1 + R_2} \qquad V_2 = V_0 \frac{R_2}{R_1 + R_2}$$

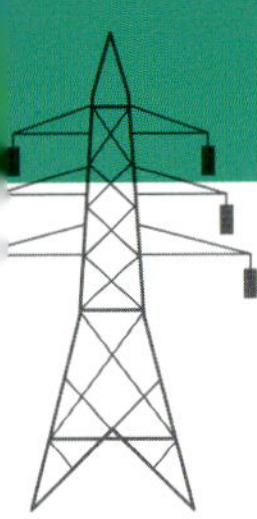

병렬 회로의 합성 저항은?

병렬로 접속된 2개 저항의 합성 저항은 나눈 것의 합으로 구한다.

⚡ 병렬 회로의 합성 저항

R_1 과 R_2 2 개의 저항이 병렬로 접속되어 있을 때 전원 전압 E 와 R_1 과 R_2 에 걸리는 전압 V_1 과 V_2 는 똑같아진다. 또한 회로 전체에 흐르는 전류 I_0 는 R_1 과 R_2 에 흐르는 전류 I_1 과 I_2 의 합이 된다.

이와 같은 2 개의 저항이 병렬로 접속되어 있는 회로의 합성 저항 R_0 은 「2 개 저항의 곱을 2 개 저항의 합으로 나눈 값」이 된다.

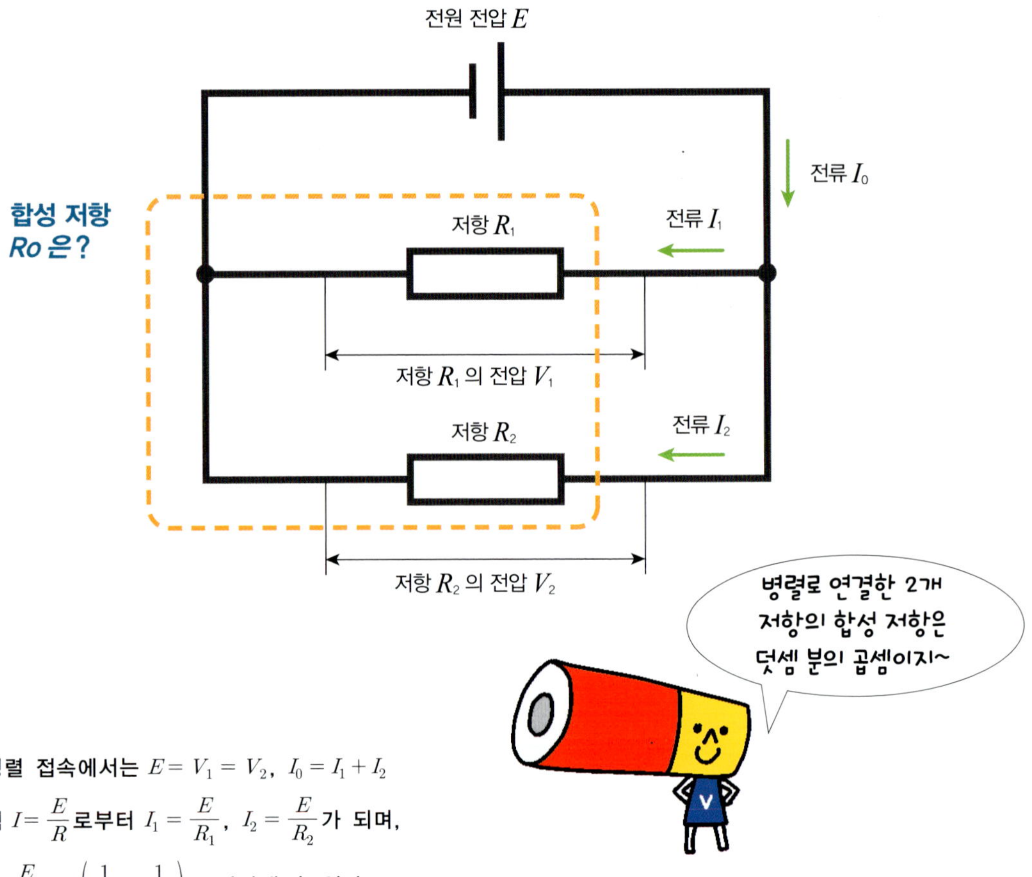

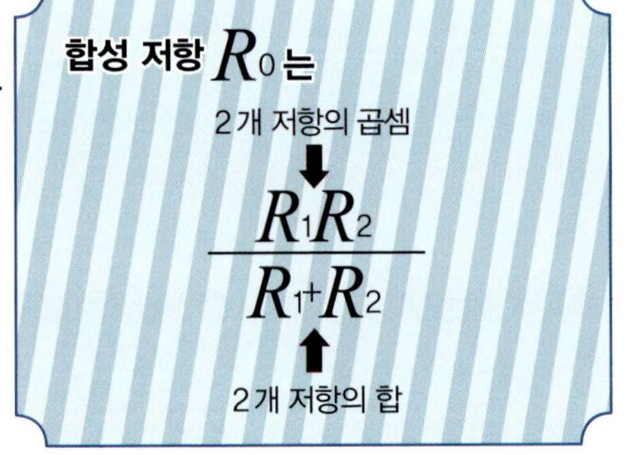

저항의 병렬 접속에서는 $E = V_1 = V_2$, $I_0 = I_1 + I_2$

옴의 법칙 $I = \dfrac{E}{R}$ 로부터 $I_1 = \dfrac{E}{R_1}$, $I_2 = \dfrac{E}{R_2}$ 가 되며,

$$I_0 = \dfrac{E}{R_1} + \dfrac{E}{R_2} = E\left(\dfrac{1}{R_1} + \dfrac{1}{R_2}\right)$$ 로 나타낼 수 있다.

$$I_0 = E\left(\dfrac{1}{R_1} + \dfrac{1}{R_2}\right)$$ 을 변형하면 $$I_0 = \dfrac{E}{\dfrac{1}{\dfrac{1}{R_1} + \dfrac{1}{R_2}}}$$ 로 나타낼 수 있다.

합성 저항은 $R_0 = \dfrac{E}{I_0}$ 이므로 $R_0 = \dfrac{1}{\dfrac{1}{R_1} + \dfrac{1}{R_2}}$ 가 되며,

$$R_0 = \dfrac{1}{\dfrac{1}{R_1} + \dfrac{1}{R_2}}$$ 을 변형하면 $$R_0 = \dfrac{R_1 R_2}{R_1 + R_2}$$ 로 나타낼 수 있다.

합성 저항 R_0 는

2개 저항의 곱셈

$$\dfrac{R_1 R_2}{R_1 + R_2}$$

2개 저항의 합

⚡ 저항이 3개인 병렬 회로의 합성 저항

2개의 저항이 병렬로 접속되어 있는 회로의 합성 저항은 덧셈 분의 곱셈이다. 예를 들어 4Ω과 6Ω짜리 저항이 병렬로 접속되어 있다면 2개 저항의 곱($4[\Omega] \times 6[\Omega] = 24[\Omega]$)을 2개 저항의 합($4[\Omega] + 6[\Omega] = 10[\Omega]$)으로 나누어 $24[\Omega] \div 10[\Omega] = 2.4[\Omega]$이 된다. 그러나 저항이 3개 이상이 되면 이 공식은 사용할 수 없다.

저항이 3개인 경우는 합성 저항

$$R_0 = \cfrac{1}{\cfrac{1}{R_1} + \cfrac{1}{R_2} + \cfrac{1}{R_3}}$$ 로 구할 수 있다 .

예를 들면, 2Ω과 4Ω과 20Ω짜리 저항 3 개가 병렬로 접속되어 있다면

$$R_0 = \cfrac{1}{\cfrac{1}{2} + \cfrac{1}{4} + \cfrac{1}{20}} = 1.25 \text{ 가 되어}$$

합성 저항은 1.25Ω이다 .

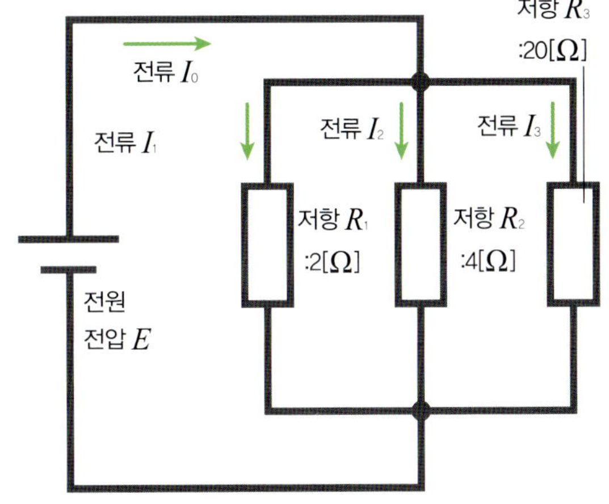

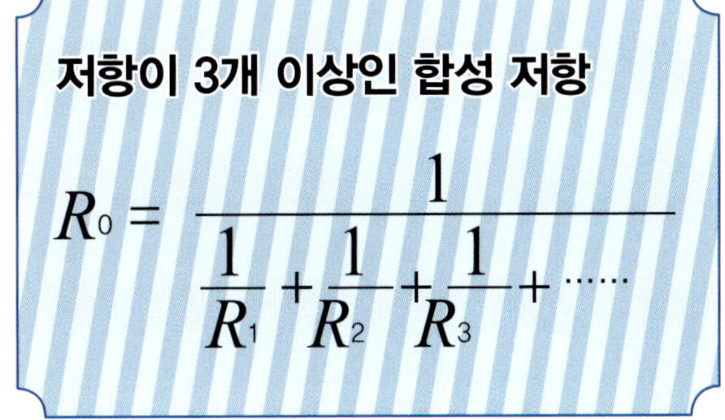

⚡ 분류

전기 회로에서는 저항의 병렬 접속을 이용해 전류를 나눈다 . 이것을 **분류 (分流)** 라고 한다 . 2 개의 저항 R_1 과 R_2 가 병렬로 접속되어 있을 때 각 저항에 흐르는 전류 I_1 과 I_2 를 구하는 공식은

$$I_1 = I_0 \frac{R_2}{R_1 + R_2} 、 \quad I_2 = I_0 \frac{R_1}{R_1 + R_2} \text{이다} .$$

각 저항에 흐르는 전류는 그 저항에 반비례해 분류된다 .

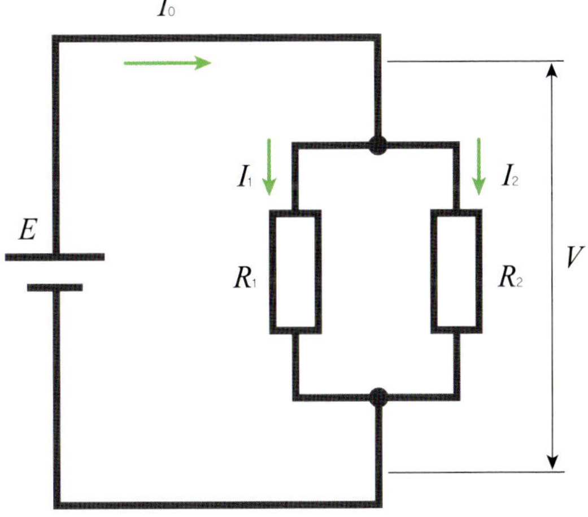

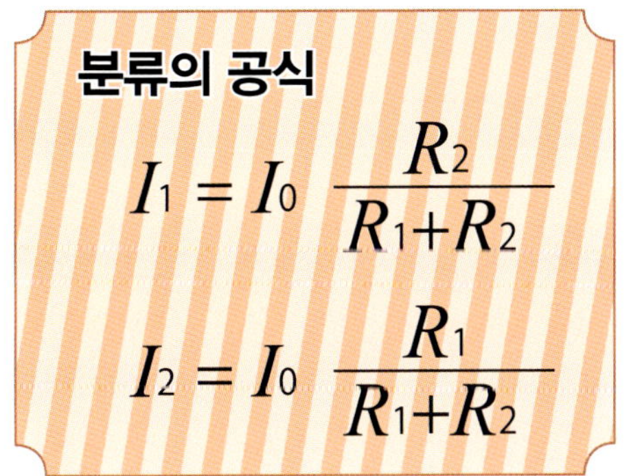

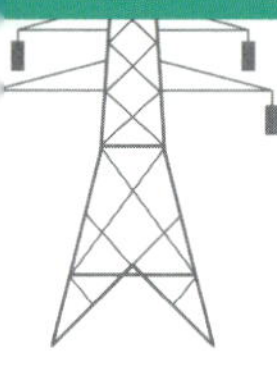

직병렬 접속 회로의 합성 저항은?

회로 전체의 합성 저항은 병렬 회로의 합성 저항을 구하고 나서,
직렬 회로의 합성 저항을 구한다.

⚡ 직병렬 접속의 합성 저항

실제 전기 회로에서는 저항의 직렬 접속과 병렬 접속이 섞인 직병렬 접속으로 이루어져 있다. 이런 경우 합성 저항은 다음과 같은 단계를 거쳐 구한다.

6Ω짜리 R_1 과 4Ω짜리 R_2 가 병렬된 회로에 2.6Ω짜리 저항 R_3 가 직렬로 접속된 회로에 20V 의 전압을 가했다고 가정하자. R_1 과 R_2 의 합성 저항 R_{12} 는 병렬 접속이므로 합셈 분의 곱셈으로 구하면 2.4

Ω이 된다. R_{12} 와 R_3 는 직렬 접속이므로 합성 저항은 그 저항의 합이 되며, 이 회로의 합성 저항 R_0 는 5Ω이 된다.

회로 전체에 흐르는 전류 I_0 는 옴의 법칙에 따라

$$I_0 = \frac{E}{R_0} = \frac{20}{5} = 4$$ 이므로 4A 가 된다.

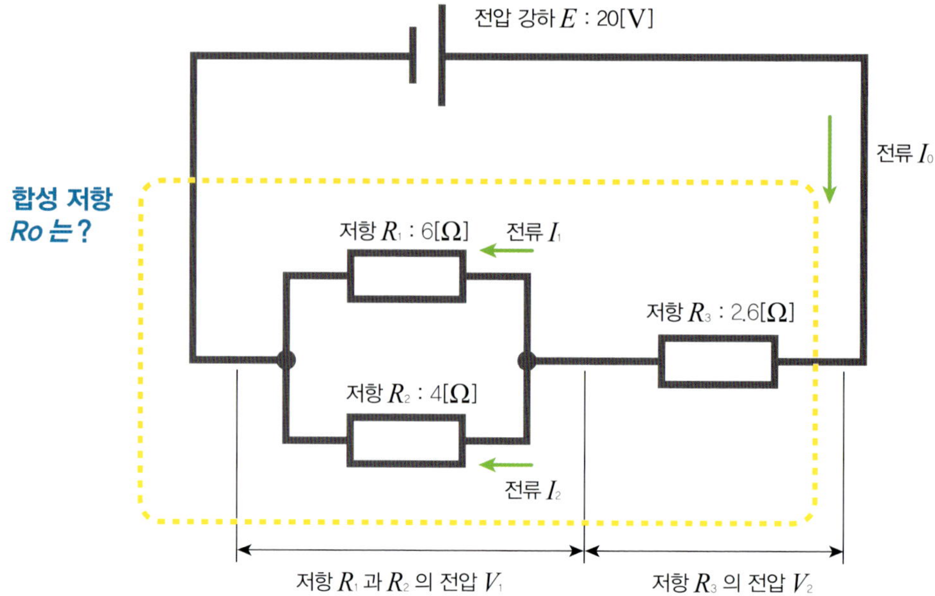

① 저항 R_1 과 R_2 의 합성 저항 R_{12}

$$R_{12} = \frac{R_1 R_2}{R_1 + R_2} = \frac{6 \times 4}{6 + 4} = 2.4[\Omega]$$

③ 전류 I_0 옴의 법칙 $I_0 = \dfrac{E}{R_0} = \dfrac{20}{5} = 4[A]$

② 저항 R_{12} 와 R_3 의 합성 저항 R_0

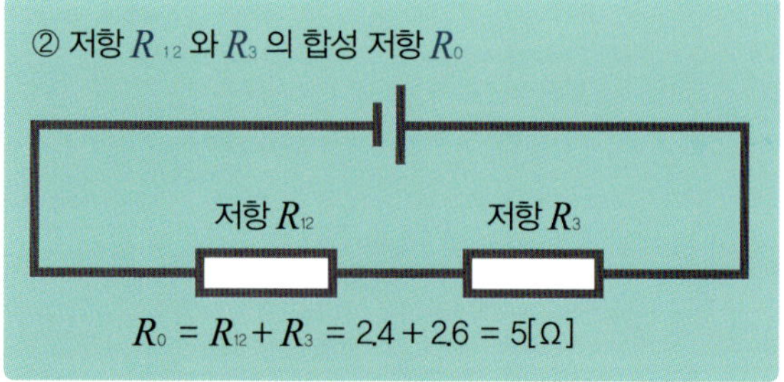

$$R_0 = R_{12} + R_3 = 2.4 + 2.6 = 5[\Omega]$$

⚡ 각 전압과 전류를 구하는 방법

전원 전압 E(20V) 저항 R_1(6 Ω)과 저항 R_2(4 Ω)、저항 R_3(2.6 Ω)로 이루어진 직병렬 접속 회로에서 회로 전체의 전류 I_0 는 4A 이다 . 여기까지 알게 되면 저항 R_1 과 저항 R_2 에 걸리는 전압이나 전류 등도 파악할 수 있다 .

저항 R_1 과 저항 R_2 는 병렬 접속이므로 같은 전압이 걸린다 . 이 전압 V_1 과 저항 R_3 에 걸리는 전압 V_2 는 옴의 법칙으로 구할 수 있다 . 합성 저항 R_0 에 걸리는 전압 V_0 는 전원 전압 E 와 똑같므로 20V 이다 (전압 V_1 과 전압 V_2 의 합과도 동일). 전류 I_1 과 전류 I_2 에 흐르는 전류는 분류의 공식으로 구할 수 있다 .

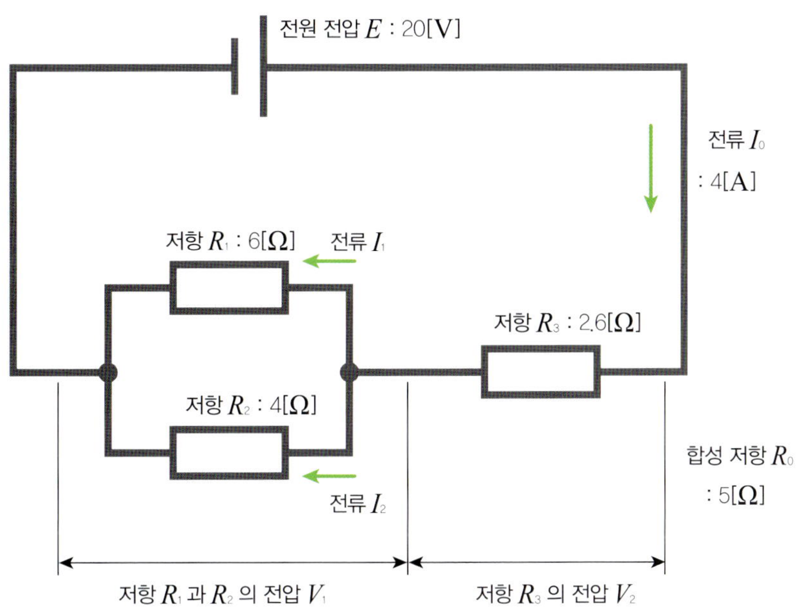

① 전압 V_1 과 V_2

$$V_1 = R_{12} \times I_0 = 2.4 \times 4 = 9.6 \ [V]$$
$$V_2 = R_3 \times I_0 = 2.6 \times 4 = 10.4 \ [V]$$

② 전류 I_1 과 I_2

$$I_1 = I_0 \frac{R_2}{R_1+R_2} = 4 \times \frac{4}{6+4} = 1.6[A]$$
$$I_2 = I_0 \frac{R_2}{R_1+R_2} = 4 \times \frac{6}{6+4} = 2.4[A]$$

직렬과 병렬로 전원을 접속할 때 변화는?

축전지 같은 직류 전원은 연결 방법에 따라 단자 전압과 용량이 달라진다.

⚡ 축전지의 전압과 용량

축전지는 자동차 배터리로 많이 사용되고 있다. 2차 전지이므로 충전할 수 있다.

단자 전압이란 축전지의 전원 단자에서 얻을 수 있는 전압이다. 라벨 등에 **단자 전압 12V** 라고 표기되어 있다면 12V 전압을 얻을 수 있다는 뜻이다. 또한 용량 수치도 표기되어 있다. 용량은 축전지를 몇 시간 동안 사용할 수 있는지를 나타낸다. 300Ah(암페어 아우어) 라고 표기되어 있다면 3A의 전류를 10시간 동안 사용할 수 있다는 의미이다.

이 단자 전압과 용량은 축전지의 연결 방법에 따라 변화된다.

⚡ 축전지의 직렬 접속

축전지를 직렬로 연결하면 단자 전압이 증가한다. 예를 들면, 12V 축전지 2개를 직렬로 연결하면 단자 전압은 24V가 된다. 마찬가지로 3개를 연결하면 36V가 된다. 다만, 직렬 접속에서 용량은 바뀌지 않는다.

단자 전압 12V 용량 30Ah인 축전지 2개를 직렬로 연결하면 단자 전압은 24V가 된다. 용량은 30Ah 그대로다.

⚡ 축전지의 병렬 접속

축전지를 병렬로 연결하면 단자 전압은 증가하지 않는다. 단자 전압 12V 인 축전지 2 개를 병렬로 연결해도 단자 전압은 12V 그대로다. 그 대신 용량이 증가한다. 용량이 30Ah 인 축전지 2 개를 병렬로 연결하면 용량은 60Ah 가 된다. 마찬가지로 3 개를 연결하면 90Ah 가 된다.

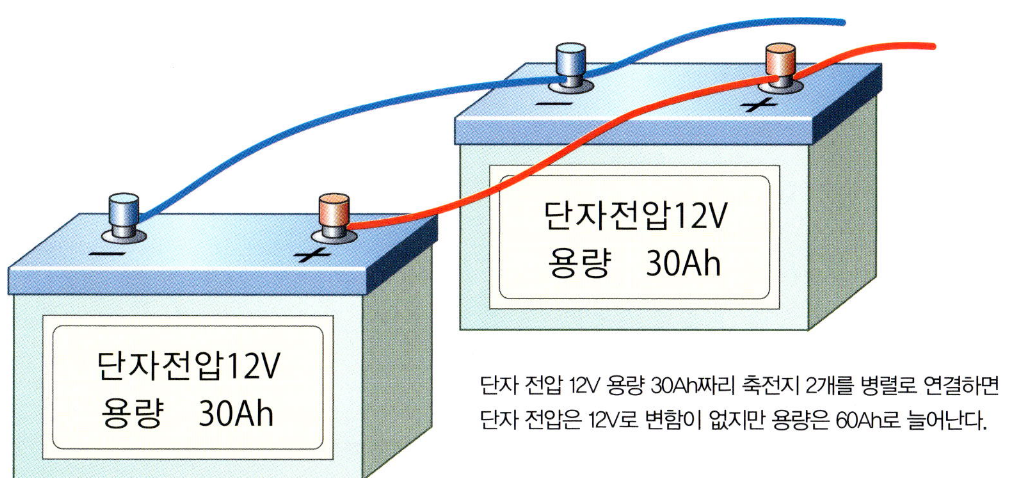

단자 전압 12V 용량 30Ah짜리 축전지 2개를 병렬로 연결하면 단자 전압은 12V로 변함이 없지만 용량은 60Ah로 늘어난다.

⚡ 단락(쇼트)

단락이란 전지의 플러스극과 마이너스극 등과 같이 전위차가 있는 2개 지점 이상을 저항을 통하지 않고(또는 매우 작은 저항 상태로) 접속하는 것이다. **쇼트(short)**라고도 한다. 단락이 되면 전기 회로 안에 큰 전류가 흐르고 전지가 발열하면서 손상될 수 있다. 그 뿐만 아니라 사람이 부상을 당하거나 전지가 폭발해 상처를 입을 위험도 있다.

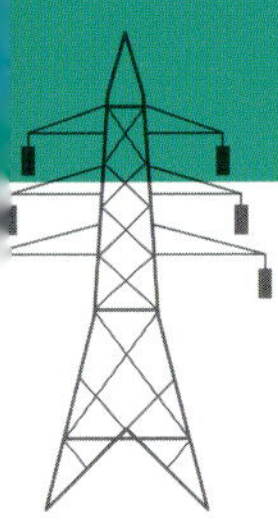

키르히호프의 제1법칙 전하량의 보존 법칙

키르히호프의 제1법칙은 모든 전기 회로에 적용되는 전류에 대한 법칙이다.

⚡ 키르히호프의 제1법칙

전류나 전압을 구할 경우 기본적으로 옴의 법칙으로 구할 수 있지만 많은 저항을 복잡하게 접속한 전기 회로에서는 옴의 법칙을 발전시킨 **키르히호프의 법칙**을 이용한다. 전류에 관한 법칙으로 **키르히호프의 제1법칙**이 있다.

전기 회로에 흐르는 전류가 어디론가 사라지는 경우는 없다. 전류를 강에 비유하면 2개의 강이 합류하는 장소에서 합류한 후의 강물 수량은 합류하기 전 2개 강물의 수량을 합친 것과 똑같다. 이것은 전류에서도 똑같이 적용할 수 있다. 회로 안에 있는 도선의 접속점에서는 그 접속점으로 유입하는 전류의 합이 유출되는 전류와 똑같은 것이다.

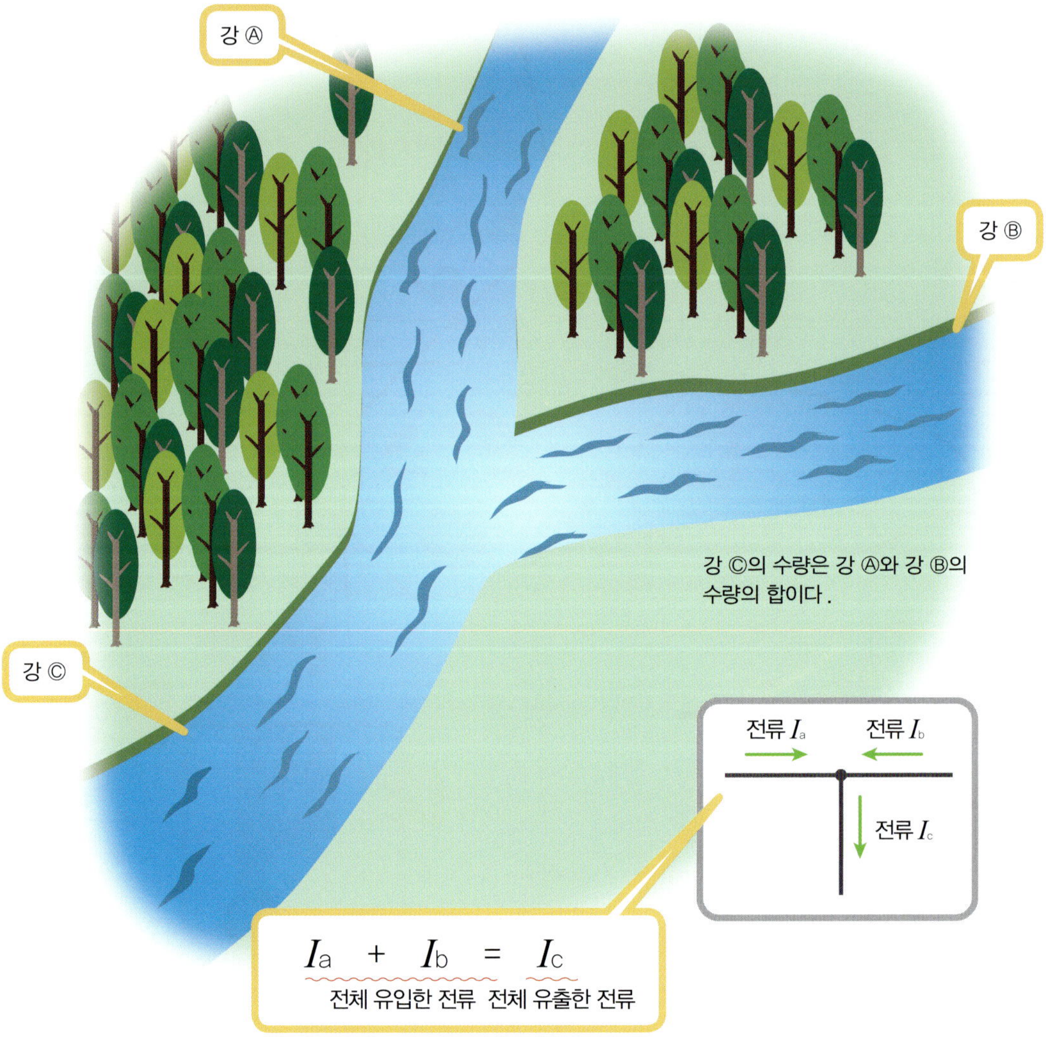

$$I_a + I_b = I_c$$

⚡ 전류의 방향은 가정한다

키르히호프의 제1법칙을 이용할 때 전류의 방향을 알지 못하는 경우는 전류의 방향을 가정해 식을 만든다.

전류 I_1 과 I_2 를 유입, I_3 를 유출로 가정하면 식은 $I_1 + I_2 = I_3$ 가 된다.

또한 유입되는 전류의 합이 유출되는 전류와 똑같다는 것은 유입되는 전류와 유출되는 전류의 합이 0 이라는 뜻이므로 모든 전류를 유입이라고 가정하면 $I_1 + I_2 + I_3 = 0$ 이라는 식도 성립한다. 실제로 모든 전류가 유입되는 경우는 없기 때문에 이 식으로 계산하면 전류 값이 마이너스 부호가 붙은 전류가 나온다. 마이너스 부호가 붙은 전류는 가정한 전류의 방향과 반대라는 것을 뜻한다.

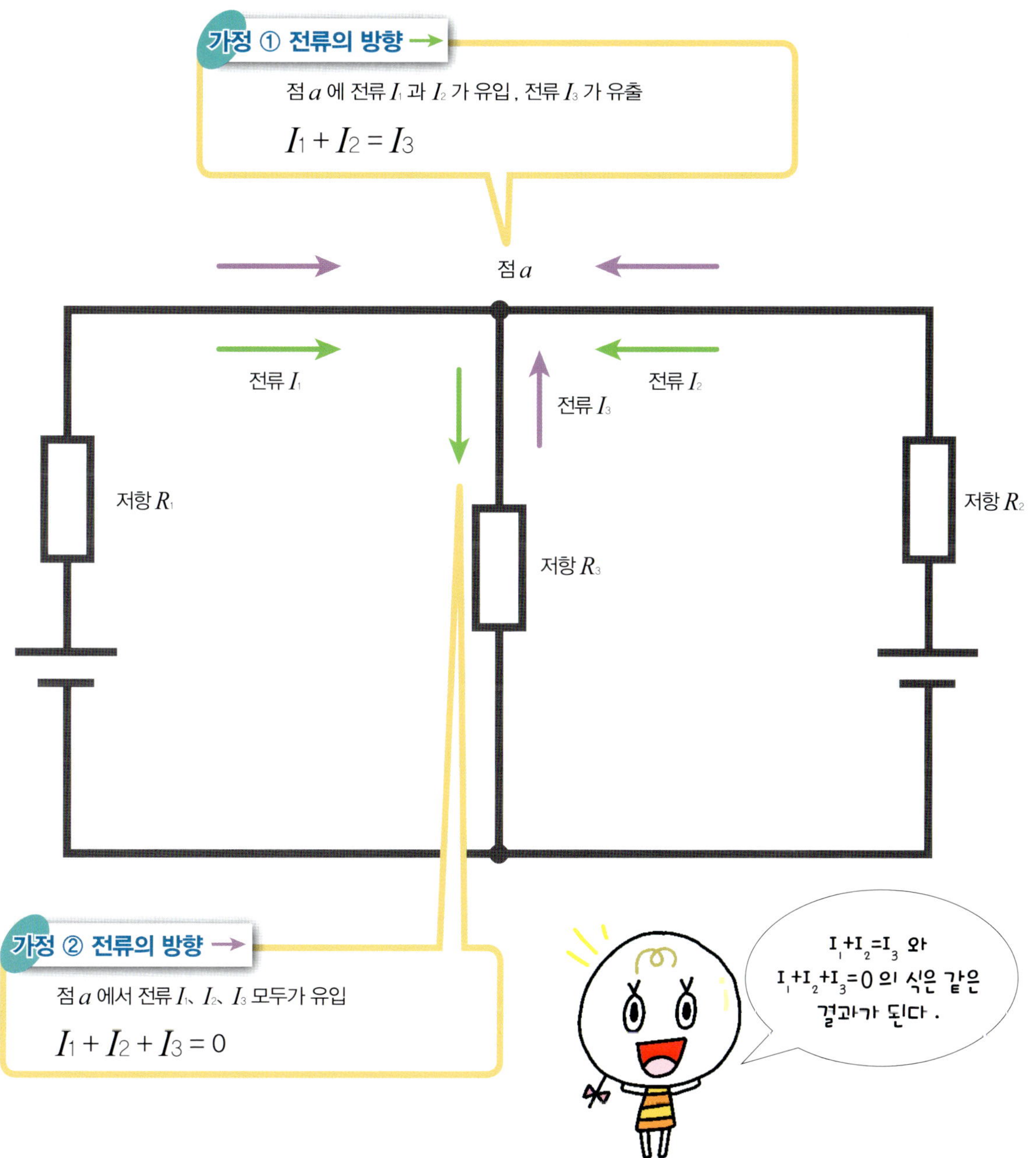

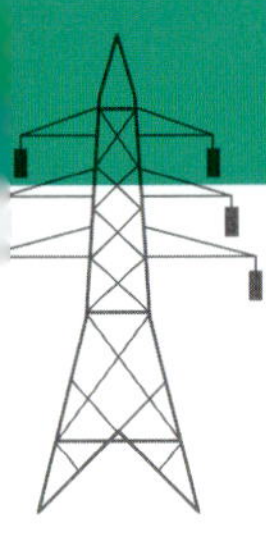

키르히호프의 제2법칙 에너지 보존 법칙

키르히호프의 제2법칙은 모든 전기 회로에 적용되는 전압에 대한 법칙이다.

⚡ 키르히호프의 제2법칙

키르히호프의 제2법칙은 **전기 회로 내의 폐회로에 존재하는 기전력(전원 전압)의 합은 전압 강하의 합과 똑같다**라는 것으로 키르히호프의 전압법칙이라고도 한다.

폐회로란 스위치를 닫아 전류가 흐르는 상태로 출발점에서 출발하여 한 바퀴를 돌아 출발점으로 돌아오는 회로를 말한다. 아래 그림에서는 폐회로 I ∼ III 3 가지를 생각할 수 있다.

기전력의 합은 각 폐회로에서 생각할 수 있다. 폐회로의 경우 폐회로를 도는 순서와 기전력 E_1 의 극성 방향이 똑같기 때문에 기전력 E_1 은 플러스가 된다. 반대로 기전력 E_2 에서는 극성 방향이 반대이므로 마이너스가 되고 기전력의 합은 $E_1 + (-E_2)$ 즉, $E_1 - E_2$ 로 나타낼 수 있다.

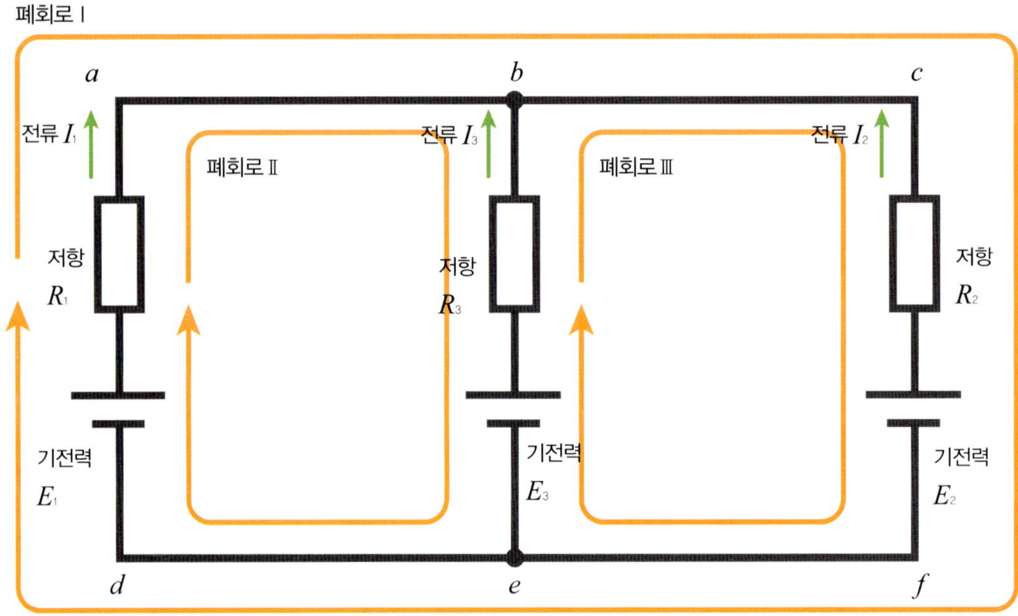

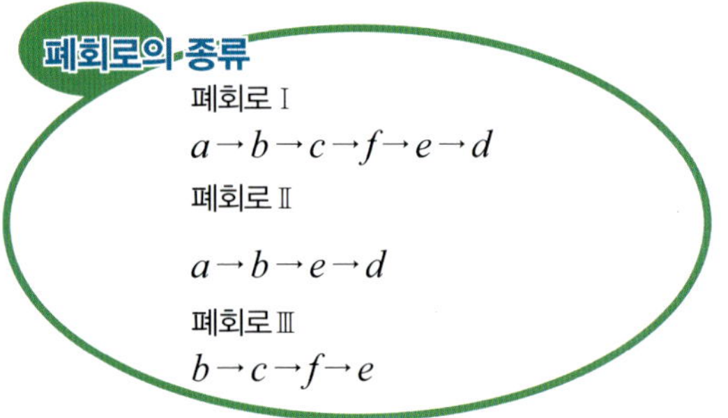

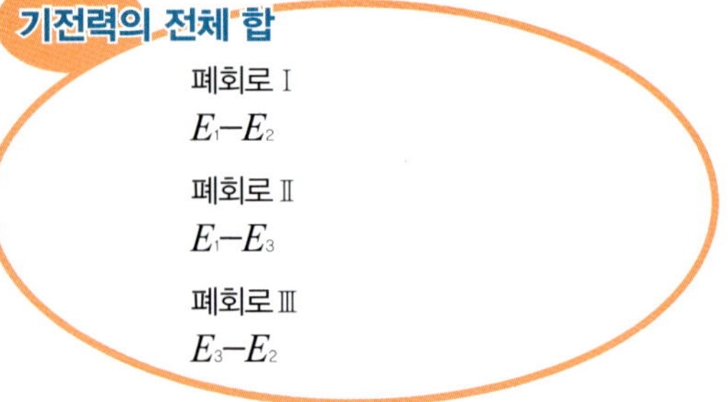

⚡ 전압 강하의 전체 합

전압 강하의 합은 전류의 흐름을 가정해 생각한다. 왼쪽 페이지의 그림처럼 I_1、I_2、I_3 의 전류가 흐르고 있다고 하자. 폐회로 I 의 전압 강하는 저항 R_1 에 흐르는 전류 I_1 의 방향과 폐회로 I 를 지나가는 방향이 같기 때문에 플러스가 된다. R_2 로 들어가는 전류 I_2 의 방향은 폐회로 I 이 지나가는 방향과 반대이므로

마이너스가 되며, 전압의 합은 $I_1R_1 - I_2R_2$ 로 나타낼 수 있다. 키르히호프의 제2법칙은 **전기 회로 안의 폐회로에 존재하는 기전력(전원 전압)의 합은 전압 강하의 합과 동일**하기 때문에 $E_1 - E_2 = I_1R_1 - I_2R_2$ 이라는 식이 성립한다.

전압 강하의 전체 합

폐회로 I : $I_1R_1 - I_2R_2$

폐회로 II : $I_1R_1 - I_3R_3$

폐회로 III : $I_3R_3 - I_2R_2$

기전력의 전체 합 = 전압 강하의 전체 합

$$E_1 - E_2 = I_1R_1 - I_2R_2$$
$$E_1 - E_3 = I_1R_1 - I_3R_3$$
$$E_3 - E_2 = I_3R_3 - I_2R_2$$

⚡ 전원이 2개가 있는 전기 회로의 이해

오른쪽 그림과 같이 전원이 2개, 저항이 3개인 회로의 전류는 키르히호프의 법칙으로 구할 수 있다.

키르히호프의 제1법칙을 토대로 전류의 방향을 가정하면 접속점 a 에서 유출되는 전류 I_3 는 유입되는 전류 I_1 와 I_2 의 합과 똑같으므로 $I_3 = I_1 + I_2$ 가 된다. 다음으로 키르히호프의 제2법칙에 따라 폐회로 I 을 화살표 방향으로 돌아간다고 하면 $E_1 = I_1R_1 + I_3R_3$ 로부터 $20 = I_1 \times 1 + I_3 \times 5$ 가 된다. 마찬가지로 폐회로 II 에서는 $E_2 = I_2R_2 + I_3R_3$ 로부터 $190 = I_2 \times 10 + I_3 \times 5$ 가 된다.

$I_3 = I_1 + I_2$、$20 = I_1 + 5I_3$、$190 = 10I_2 + 5I_3$ 3가지 식의 연립방정식을 풀어보면 각 전류의 값($I_1 = -10[A]$、$I_2 = 16[A]$、$I_3 = 6[A]$)을 구할 수 있다.

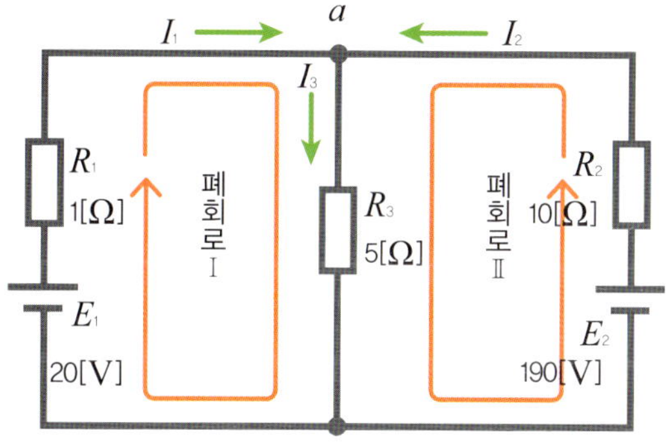

$$I_3 = I_1 + I_2$$

$$E_1 = I_1R_1 + I_3R_3 \qquad E_2 = I_2R_2 + I_3R_3$$
$$20 = I_1 + 5I_3 \qquad 190 = 10I_2 + 5I_3$$

$$I_3 = I_1 + I_2$$
$$20 = I_1 + 5I_3$$
$$190 = 10I_2 + 5I_3$$

3행 1차방정식을 푼다.

$$I_1 = -10[A] \qquad I_2 = 16[A] \qquad I_3 = 6[A]$$

전기와 관련된 학자②

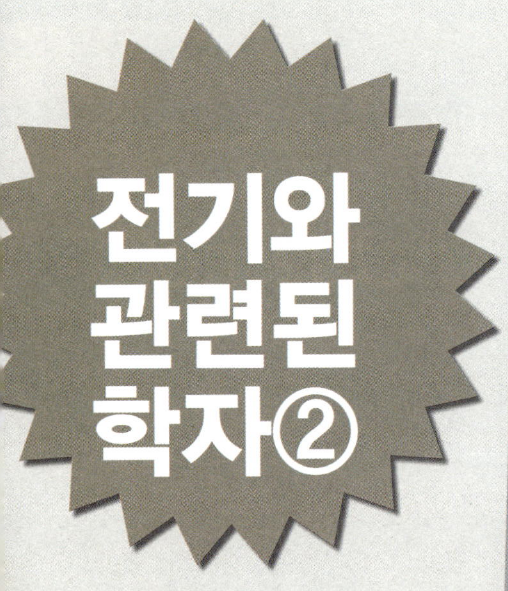

앙페르
(1775~1836)

프랑스의 물리학자 · 수학자. 전기자기학의 창시자 중 한 명. 프랑스 리옹시에서 태어나 유소년 시절부터 수학을 잘했다.

1820년 엘스 테드가 발견한 자기와 전기의 밀접한 관계를 다룬 논문을 읽고 나서 전기와 자기시험을 했다. 2개의 도선에 전류를 흘렸을 때 자기의 작용은 서로 당길 때는 전류가 같은 방향으로 흐르고 서로 밀 때는 반대 방향으로 흐른다. 이런 사실로부터 전류의 방향이 오른나사 방향으로 돌아가면 오른나사가 돌아가는 방향으로 자장이 생긴다는 「앙페르의 오른나사 법칙」을 발견했다. 또한 2개의 평행한 도체 사이에서 전류에 의한 자기 작용을 수학적으로 분석해 「앙페르의 법칙」을 발견했다. 전류의 단위인 암페어 [A] 는 앙페르의 이름에서 가져온 것이다.

옴 (1789~1854)

독일의 물리학자. 뉘른베르크 공업대학, 뮌헨대학의 교수를 역임했다.

푸리에가 발표한 열의 2개 지점 간의 온도차와 열류 (熱流) 의 관계는 전류에서도 똑같은 관계를 도출할 수 있다는 생각으로 실험을 실시했다. 최초에는 볼타 전지를 사용했지만 전기를 발생시키는 도중에 분극작용이 일어나 전류가 흐르지 않게 되었다. 그래서 제베크가 발견한 열기전력을 이용해 실험한 결과 1826년 「옴의 법칙」을 이끌어냈다. 이것은 전기 회로의 중요한 법칙이 되었다.

사실 1781년 영국의 화학 · 물리학자 캐번디시가 이 법칙을 처음 발견했지만 발표에 이르지 못했으므로 옴의 법칙으로 불리게 된 것이다. 전기 저항 단위는 그의 이름을 따서 옴 [Ω] 이라 불린다.

엘스 테드 (1777~1851)

덴마크의 물리학자 · 화학자. 덴마크의 랑 엘란 섬에서 약국을 운영하던 아버지 밑에서 일하며 자연과학에 흥미를 갖게 되었다. 코펜하겐대학 졸업 후 1806년에 코펜하겐대학의 교수로 부임했다.

1820년 대학 야간 강의에서 도선에 흐르는 전류가 열과 빛을 발생시키는 실험을 하고 있을 때 갑자기 도선 근처에 있던 방위 자석의 자침이 전지의 온/오프에 의해 흔들리는 것을 발견했다. 이 현상은 도선에 전류를 흘림으로써 자계가 만들어졌기 때문이라는 것을 알아차리고 전자기학 연구의 시초를 만들었다.

또한 엘스 테드는 산소와 강하게 결합한 알루미늄 화합물로부터 알루미늄을 추출하는 데 성공한다.

제 3 장
양방향으로 흐르는
교류의 전기 회로
전기 회로에는 다양한 전자부품이 사용되고 있다. 또한 이들
전자제품들은 직류와 교류에 따라 작용이 달라진다.
이 장에서는 교류의 성질부터 전자부품의 원리까지 전기
회로를 토대로 살펴보겠다.
GoldenBell

가정에서 사용하는 전기는 교류이다.

교류 발전기에서 만들어진 교류는 정현파를 그린다.

 발전기가 만드는 교류

가정이나 아파트 등으로 보내지는 전류는 교류다. 건전지 등의 전원은 전압이나 전류 방향, 세기가 시간과 상관없이 일정한 직류이지만 교류는 전압이나 전류가 주기적으로 바뀐다.

교류는 교류 발전기에서 만들어진다. 영구 자석의 자계 안에서 도선을 움직이면 전자 유도 작용에 의해 전류가 흐른다. 교류 발전기는 영구 자석의 자계 안에서 코일을 회전시켜 전류를 만든다.

코일을 회전시켜 코일이 자계 방향과 평행해질 때 코일 안의 자속이 가장 많이 변화하기 때문에 가장 큰 기전력을 얻을 수 있다. 그 후 코일과 자계의 각도가 직각에 근접함에 따라 기전력은 작아진다. 이 기전력의 변화로 교류는 파형(정현파)을 만든다. 이와 같은 교류를 **정현파 교류(正弦波交流)** 라고 한다.

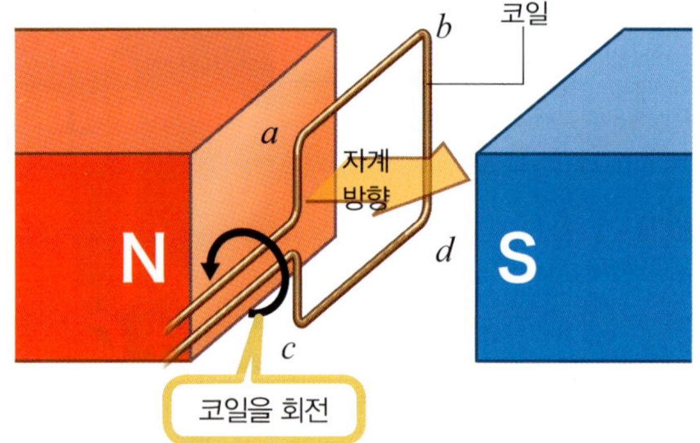

① 코일이 자계에 대해 직각 → 기전력 0
  (자속이 코일을 가장 많이 통과할 때)
② 코일이 90° 회전 → 기전력 최대
  (자속이 코일 안을 통과하지 않을 때)
③ 코일이 180° 회전 → 기전력 0
④ 코일이 270° 회전 → 기전력 최대
  (전류 방향은 반대)
⑤ 코일이 360° 회전 → 기전력 0

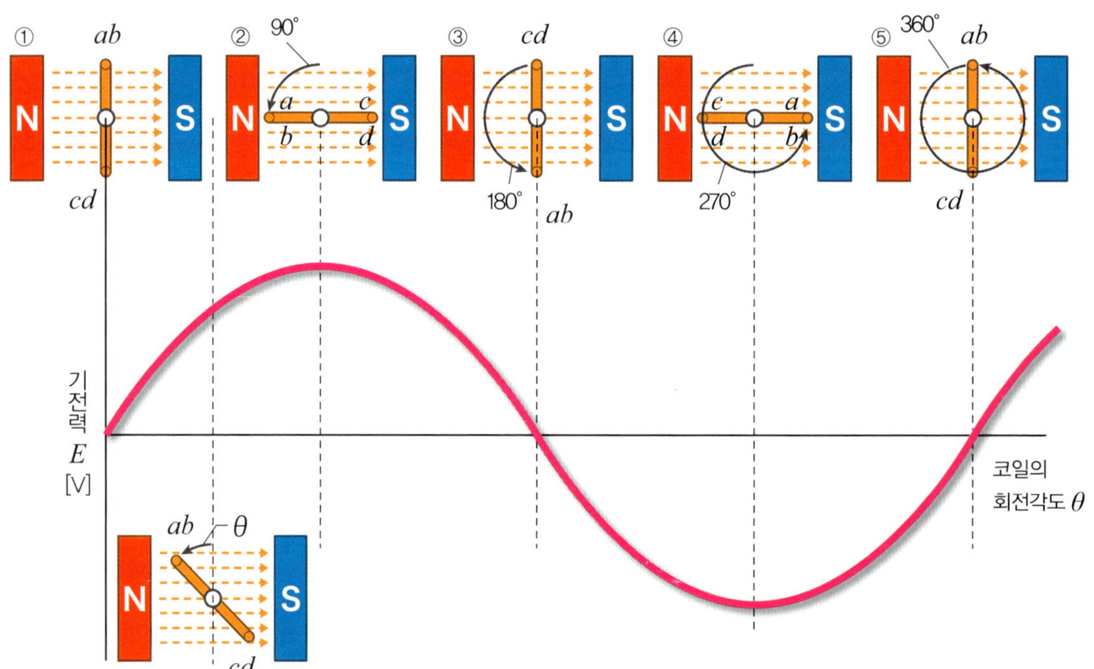

정현파 교류의 특징

정현파 교류의 파형을 보면 플러스극과 마이너스극의 극성이 반전한다는 것을 알 수 있다. 세로축은 전압의 높이를 나타낸다. 전류의 방향과 전압의 높이가 주기적으로 변화하는 것을 보여주고 있다. 가로축은 시간의 경과를 나타낸다. 플러스 커브와 마이너스 커브가 교대로 나타난다.

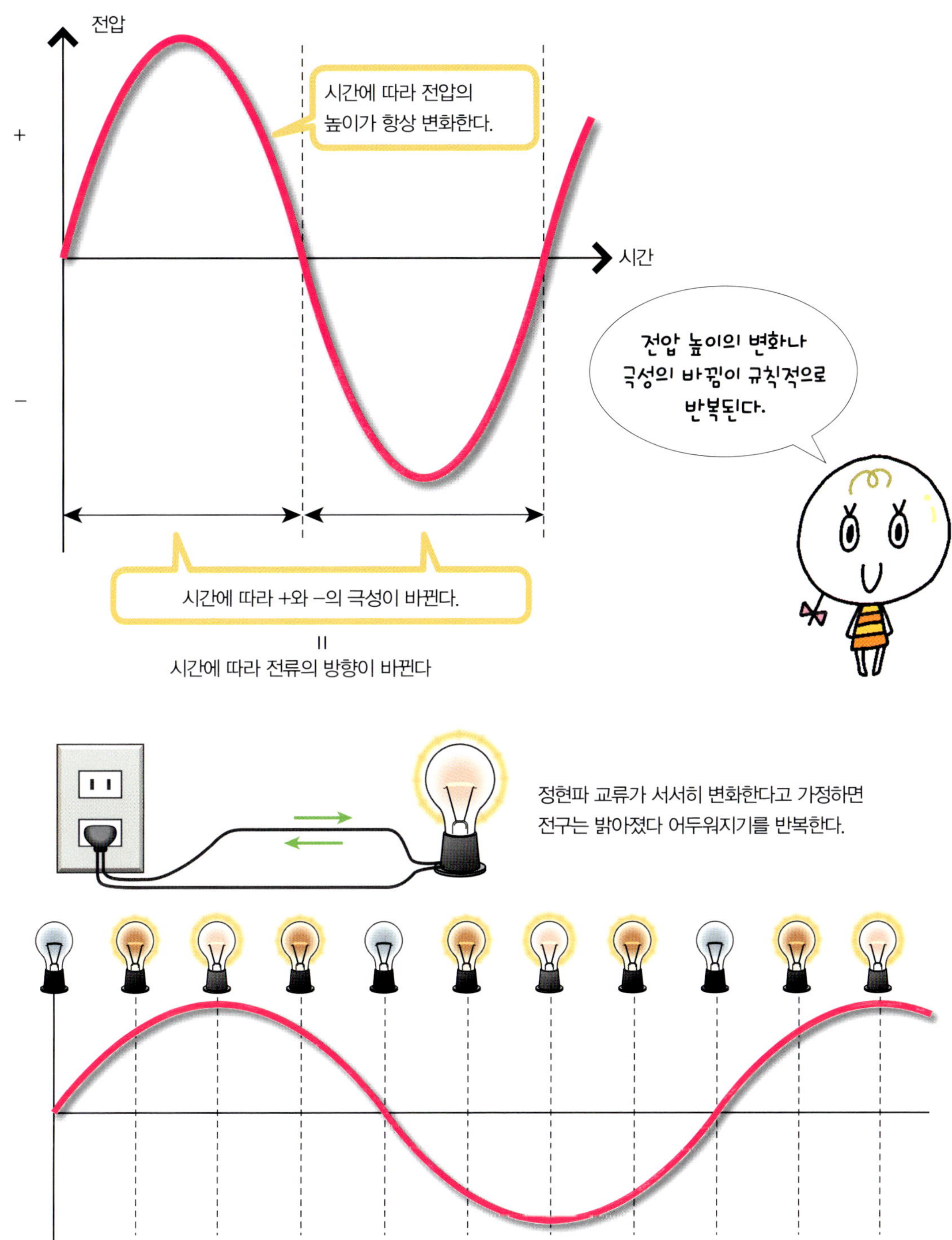

주파수와 주기는 어떻게 다른가?

정현파가 1사이클을 하는데 걸리는 시간을 주기 1초 동안 반복된 사이클 수를 주파수라고 한다.

주파수와 주기의 관계

정현파 교류에서는 플러스 커브와 마이너스 커브가 반복적으로 나타나는데 이 플러스 커브와 마이너스 커브가 1왕복(1사이클)하는 데 걸리는 시간을 **주기**라고 한다. 주기의 기호는 T로 나타내며, 단위는 초[s]다. 또한 1초 동안 반복된 사이클 수를 「주파수」라고 한다. 주파수 기호는 f로 나타내며, 단위는 헤르츠[Hz]다. 1사이클에 0.2초가 걸리는 주기는 0.2s가 되며, 1초 동안 5사이클하는 주파수는 5Hz가 된다.

주파수 f와 주기 T는 $f = \dfrac{1}{T}$ [Hz]、$T = \dfrac{1}{f}$ [s] 의 관계가 된다.

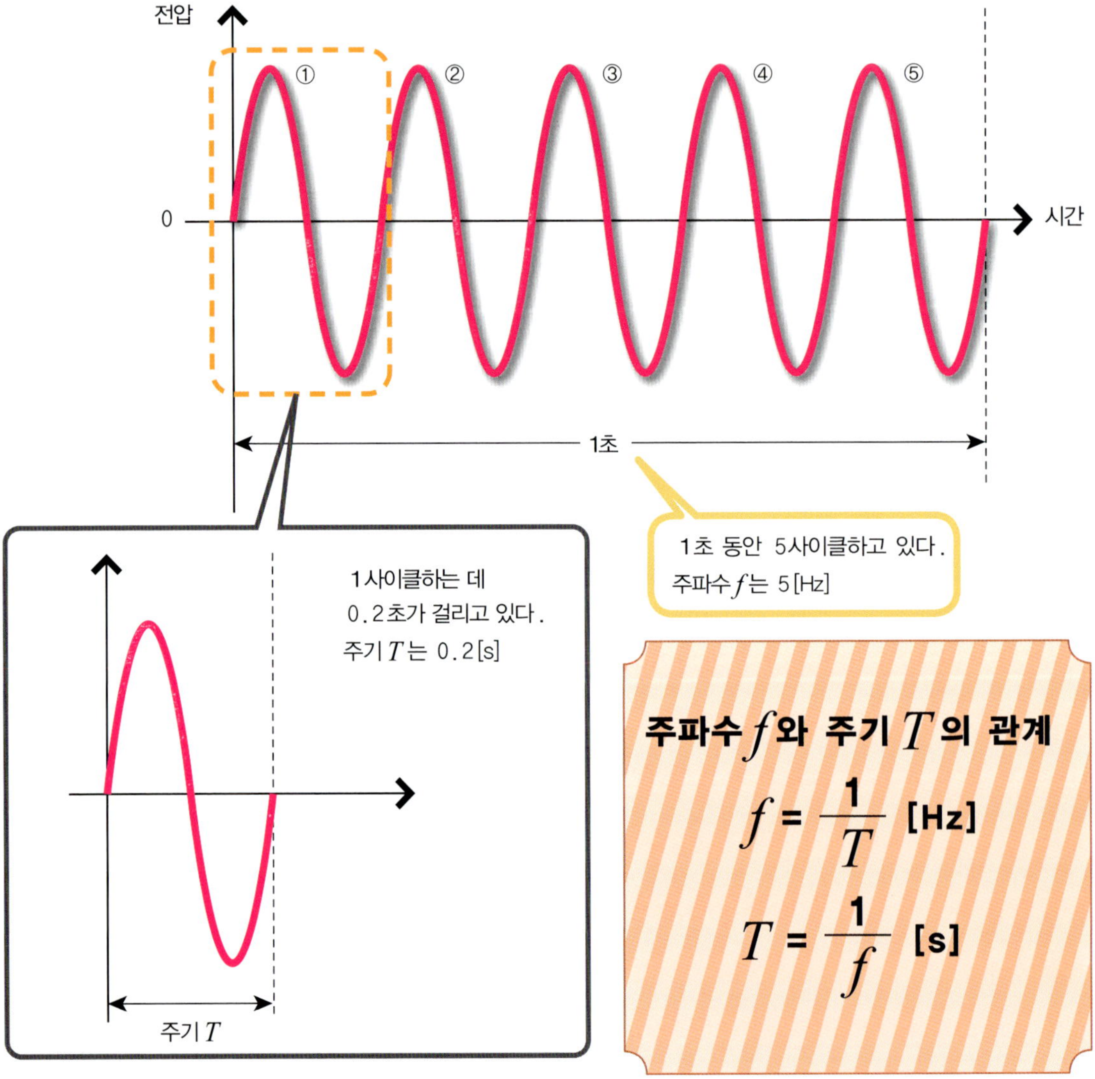

주파수

1 헤르츠 (Hz) 는 1 초 동안 플러스와 마이너스 쪽에 각각 1 개의 커브를 갖는 교류 전기로 유럽에서 사용하는 50 헤르츠와 남미와 북미에서 사용하는 60 헤르츠 두 종류의 정현파 교류 전기가 있다 .

국내 일반 가정용의 전기는 1 초 동안 플러스와 마이너스 쪽에 각각 60 개의 커브를 갖는 60 헤르츠의 교류 전기를 사용하며 이웃한 중국은 50 헤르츠 , 대만은 60 헤르츠의 교류 전기를 사용한다 . 그러나 일본은 유일하게 50 헤르츠와 60 헤르츠 두 종류의 교류 전기를 사용한다 .

각국의 주파수

일본 이외의 나라에서는, 2종류의 주파수를 사용하는 나라는 거의 없다. 우측 표는 50Hz의 주파수를 사용하고 있는 수요 나라와, 60Hz 주파수를 사용하는 주요나라들이다.

50[Hz]	60[Hz]
독일	한국
영국	미국
이탈리아	캐나다
스페인	멕시코
프랑스	대만
중국	브라질

전기 세계에서의 각도 법은?

도수법과 호도법

원의 각도를 나타내는 방법에는 **도수법(度數法)** 과 **호도법(弧度法)** 이 있다.

도수법이란 2개의 직선이 만드는 각도를 도수로 나타내는 방법으로 원주를 360 등분했을 때 생기는 호(弧)가 중심을 이루는 각도는 1°가 된다.

이에 반해 호도법은 반경과 똑같은 길이를 가진

호가 중심을 이루는 각도를 1 라디안[rad]으로 표시한다. 반경을 r이라고 하면 반경의 2배 길이인 호 2r이 중심을 이루는 각도는 2[rad]이 된다. 원주를 구하는 공식은 $2\pi r$ 이므로 호도법에서 360°를 나타내는 경우, 2π[rad]이 된다.

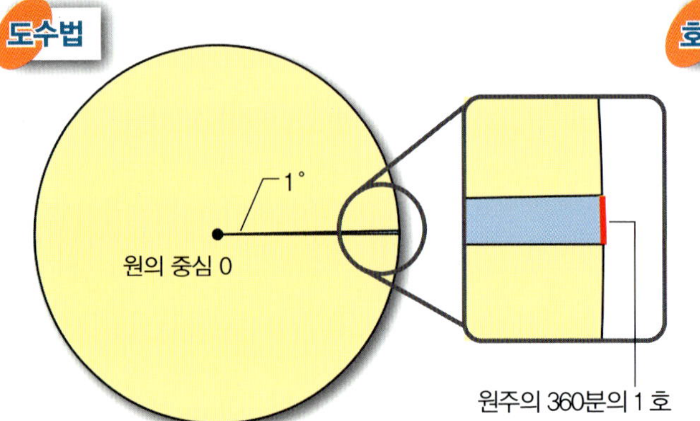

1° = 원주를 360등분한 가운데 하나의 호가 중심을 이루는 각도

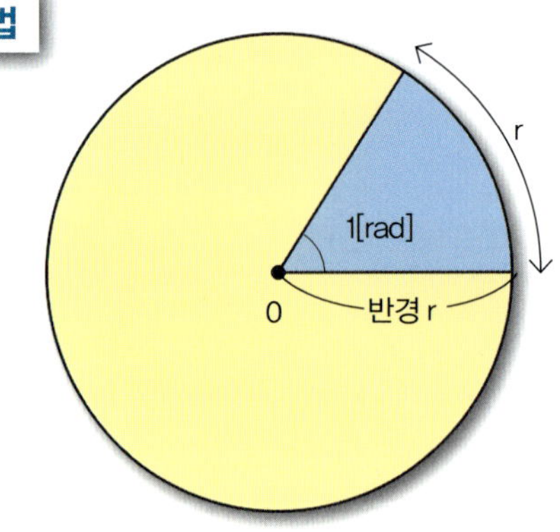

1rad = 원주 상에 반경 r과 똑같은 길이의 호를 잡고 그 호가 중심을 이루는 각도

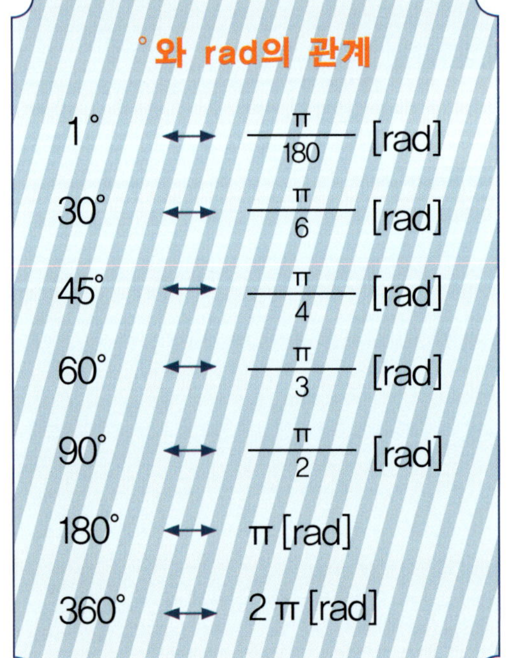

$$1° \longleftrightarrow \frac{\pi}{180}\,[\text{rad}]$$

$$30° \longleftrightarrow \frac{\pi}{6}\,[\text{rad}]$$

$$45° \longleftrightarrow \frac{\pi}{4}\,[\text{rad}]$$

$$60° \longleftrightarrow \frac{\pi}{3}\,[\text{rad}]$$

$$90° \longleftrightarrow \frac{\pi}{2}\,[\text{rad}]$$

$$180° \longleftrightarrow \pi\,[\text{rad}]$$

$$360° \longleftrightarrow 2\pi\,[\text{rad}]$$

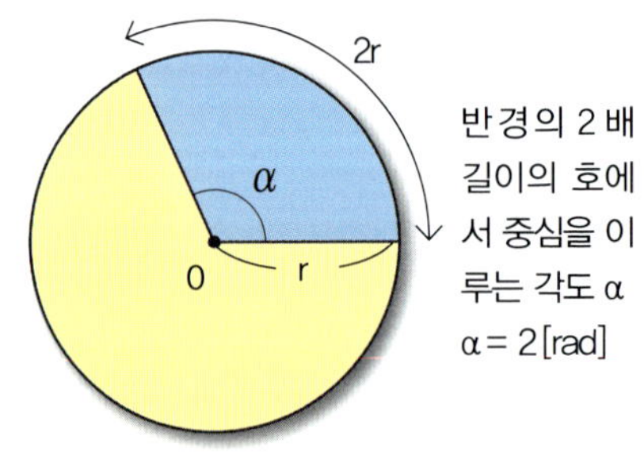

반경의 2배 길이의 호에서 중심을 이루는 각도 α
α = 2[rad]

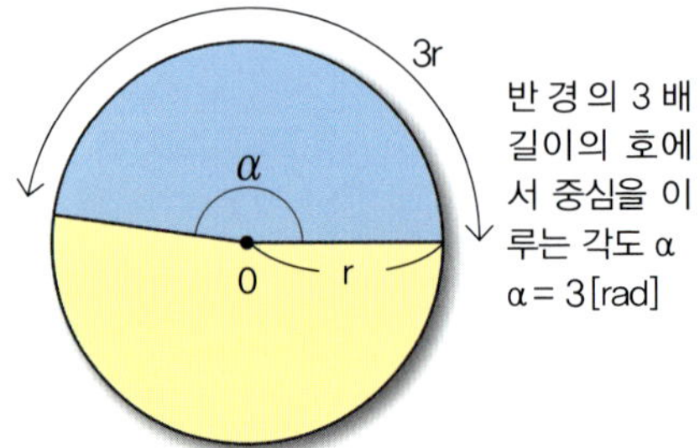

반경의 3배 길이의 호에서 중심을 이루는 각도 α
α = 3[rad]

각주파수

교류 발전기는 코일이 회전함으로써 기전력을 발생시킨다. 주파수는 이 코일이 1초 동안 회전수를 나타낸다. 이 주파수가 1초 동안 회전하는 각도의 크기를 「각주파수 또는 각속도」라고 한다. 기호는 오메가 ω 로 나타내며, 단위는 [rad/s] 로 나타낸다.

예를 들면, 주파수 60Hz 의 각주파수는 1초 동안 60 사이클을 하므로 원주 $2\pi \times 60$ 이 되며, 120[rad/s] 가 된다. 이와 같이 주파수 f 의 각주파수 ω 는 $\omega = 2\pi f$ 로 구할 수 있다. 각주파수 ω 는 주파수 f 에 비례한다.

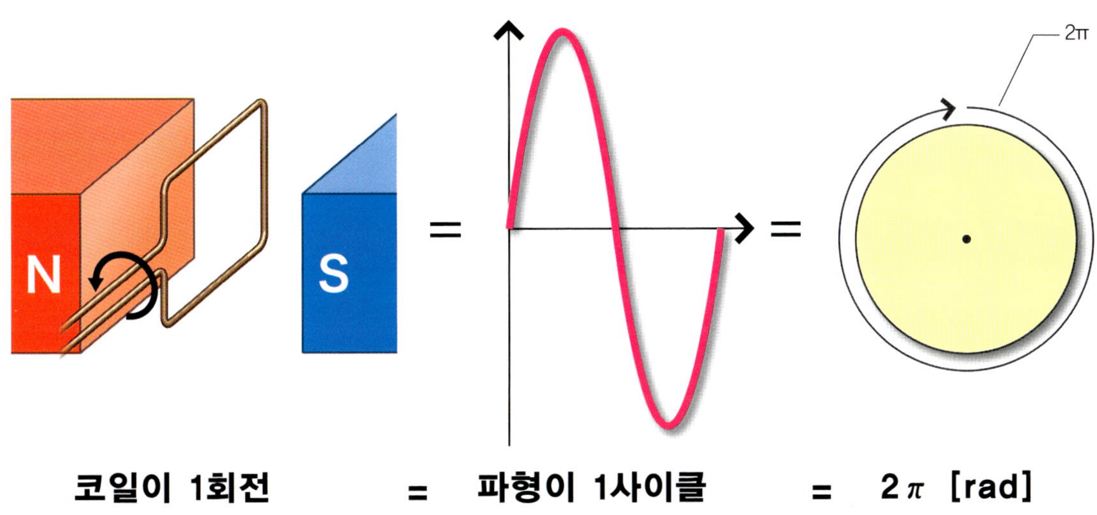

코일이 1회전　　=　　**파형이 1사이클**　　=　　2π **[rad]**

$$50\text{Hz 의 각주파수 } \omega$$
$$\omega = 2 \times \pi \times 50 = 100\pi \,[\text{rad}/\text{s}]$$
$$60\text{Hz 의 각주파수 } \omega$$
$$\omega = 2 \times \pi \times 60 = 120\pi \,[\text{rad}/\text{s}]$$
$$\text{주파수 } f \text{ 의 각주파수 } \omega$$
$$\omega = 2\pi f \,[\text{rad}/\text{s}]$$

교류 값은 어떻게 구분하는가?

교류의 순간적인 값을 순시값이라 하며, 평균값은 반주기로 생각한다.

순시값과 최댓값

아래 그림의 원은 코일이 회전한 각도(각주파수)를 나타내며, 파형은 코일이 회전함으로써 발생하는 기전력을 나타낸 정현파 교류다. 정현파 교류는 코일이 회전함으로써 바뀌는 각주파수의 순간적인 값을 나타낸다. 이 값을 **순시값(瞬時値)**이라고 한다. 순시값이 가장 큰 값이 되는 것은 플러스 커브와 마이너스 커브의 정상부분으로 이 값을 **최댓값**이라고 한다. 순시값 e 는 $e = Vm \sin \omega t$ 로 구할 수 있다. Vm 은 코일의 형상이나 자석의 세기로 정해지는 수치다.

교류의 기전력 전압은 정현파이지만 전류도 똑같은 정현파를 그린다.

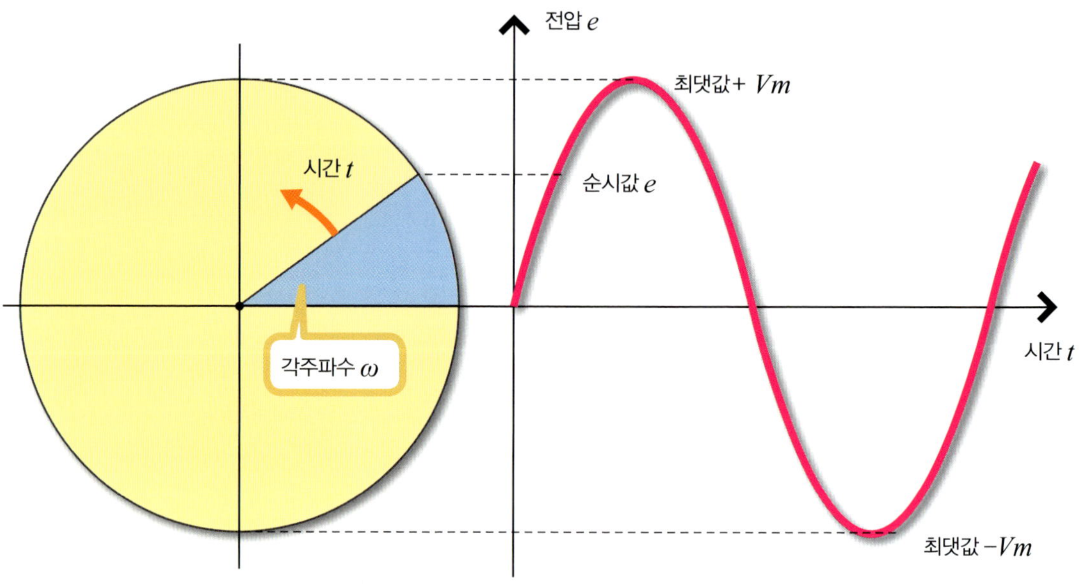

$$\text{순시값 } e \text{ 는 } e = Vm \sin \omega t \text{ 로 구할 수 있다.}$$

Sin(정현)

sin(정현)이란 주기적인 파(波)를 의미한다.

오른쪽 그림처럼 원점 0 이 중심인 반경 r 의 원주상에 점 P(x, y) 가 있다고 가정하면 OP 와 x 축이 이루는 각도 θ는 $\sin \theta = \frac{y}{r}$ 가 된다. 이 공식을 삼각함수라고 한다. 위 그림의 순시값은 점 P 의 y 에 해당한다. 최댓값 Vm 은 반경 r 과 y 가 똑같아진 지점이다. 그리고 각주파수 ω에 시간 t 를 곱한 것이 θ에 해당한다. $\sin \theta = \frac{y}{r}$ 를 변형하면, $y = r \sin \theta$ 가 되기 때문에 순시값 e 는 $Vm \times \sin \omega t$ 로 구할 수 있다.

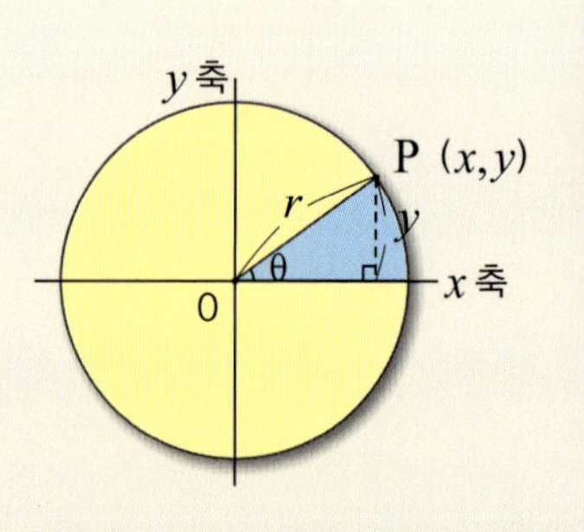

평균값

정현파 교류는 플러스 커브와 마이너스 커프의 파형을 반복하므로 그 평균값을 구하는 경우가 있다.

정현파 교류의 1 주기 (1 사이클) 는 플러스 커브의 면적과 마이너스 커브의 면적이 똑같으므로 이들 평균값를 구하면 0 이 된다. 이 때문에 정현파 교류의 기전력이나 전류의 평균값을 구하는 경우 반주기에서 구해 평균값을 삼는다. 평균값 Vav 는 $Vav = \dfrac{2}{\pi} Vm$ 으로 구할 수 있다.

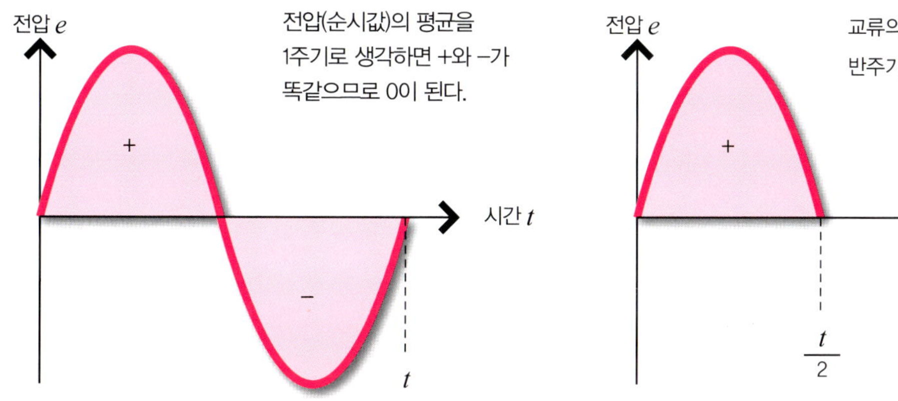

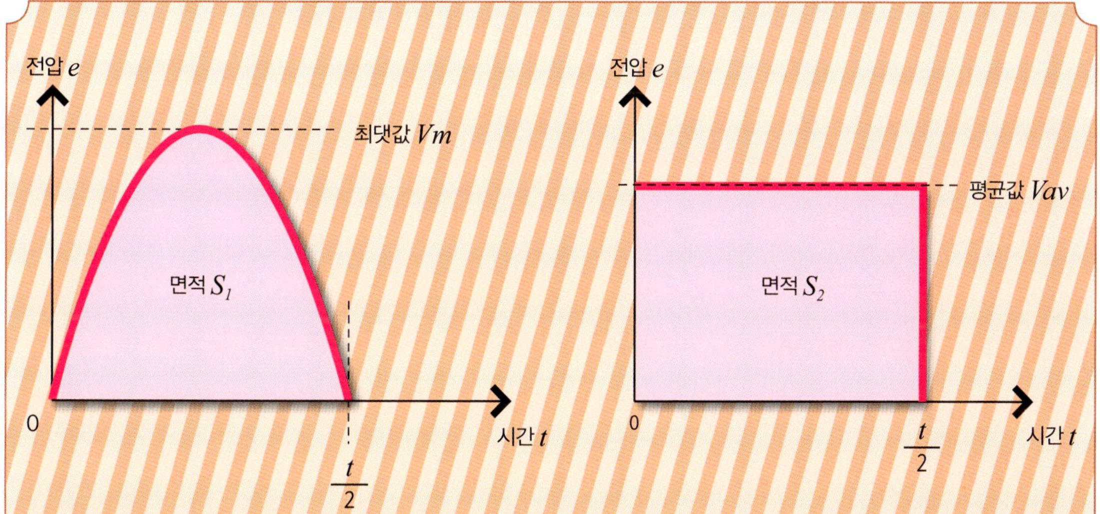

평균값 Vav 는 면적 S_1 과 S_2 가 똑같아졌을 때 구할 수 있다.

최댓값 Vm 과 평균값 Vav 의 관계는 $Vav = \dfrac{2}{\pi} Vm\,[\text{V}]$

평균값 Vav 는 최댓값 Vm 의 $\dfrac{2}{\pi}$ 배 , 즉 약 0.64 배

교류 전원은 정현파 교류의 실효값이다.

 직류와 교류의 차이

직류 전원 50V 에 저항 10Ω짜리 전구를 연결했을 때 이 전구의 소비전력은 250W 이다. 직류와 마찬가지로 생각하면 평균값이 50V 인 교류 전원에 저항 10Ω짜리 전구를 연결하면 소비전력은 250W가 될 것 같지만 실제로는 그렇지 않다. 소비전력은 전압의 2 제곱에 비례하기 때문이다.

소비전력 W 는 전압 $E \times$ 전류 I 로 구한다. 옴의 법칙 $I = \dfrac{E}{R}$ 를 이 전류 I 에 대입하면 $W = \dfrac{E \times E}{R} = \dfrac{E^2}{R}$ 이 된다. 이 식에서 소비전력은 전압 E 의 2 제곱에 비례한다는 것을 알 수 있다.

교류의 경우 직류와 똑같은 소비전력을 발생시키는 전압을 실효값으로 생각한다.

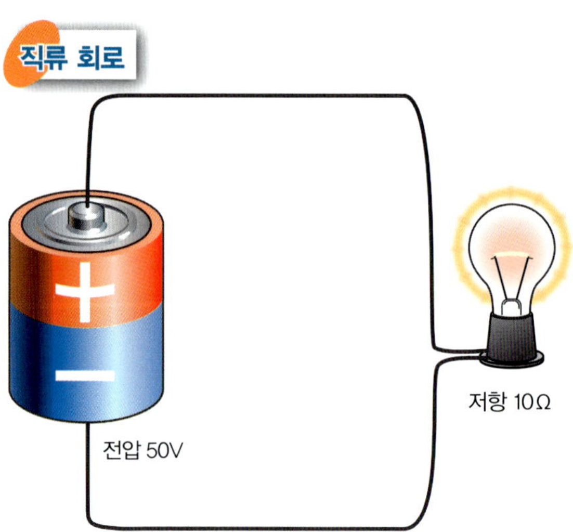

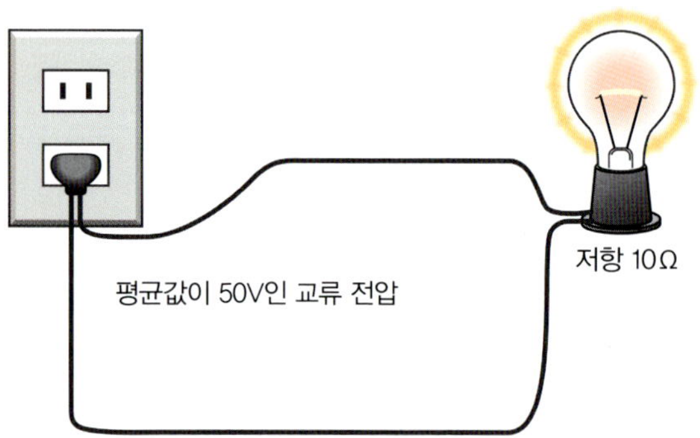

실효값과 실효값를 구하는 방법

일반적으로 가정용 전원은 220V가 들어온다. 그러나 이 220V는 직류 전원과 똑같은 220V가 아니다. 교류 전원의 220V는 정현파 교류의 실효값을 나타낸다. 예를 들면, 220V 직류 전원으로 포트의 물을 데웠을 때 1분 동안 1℃ 온도가 올라갔다고 하자. 이 포트에 교류 전원을 연결했을 때 1분 동안 1℃ 온도를 높인 전압이 실효값 220V 의 전압이 되는 것이다. 실효값 $Vrms$ 는 $Vrms = \dfrac{1}{\sqrt{2}} Vm$ 으로 구한다.

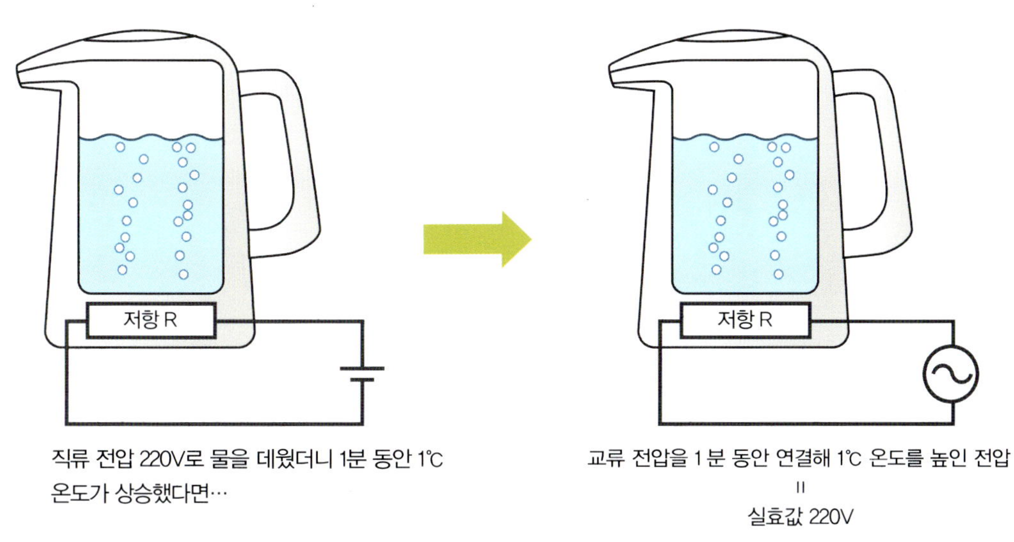

직류 전압 220V로 물을 데웠더니 1분 동안 1℃ 온도가 상승했다면…

교류 전압을 1분 동안 연결해 1℃ 온도를 높인 전압
=
실효값 220V

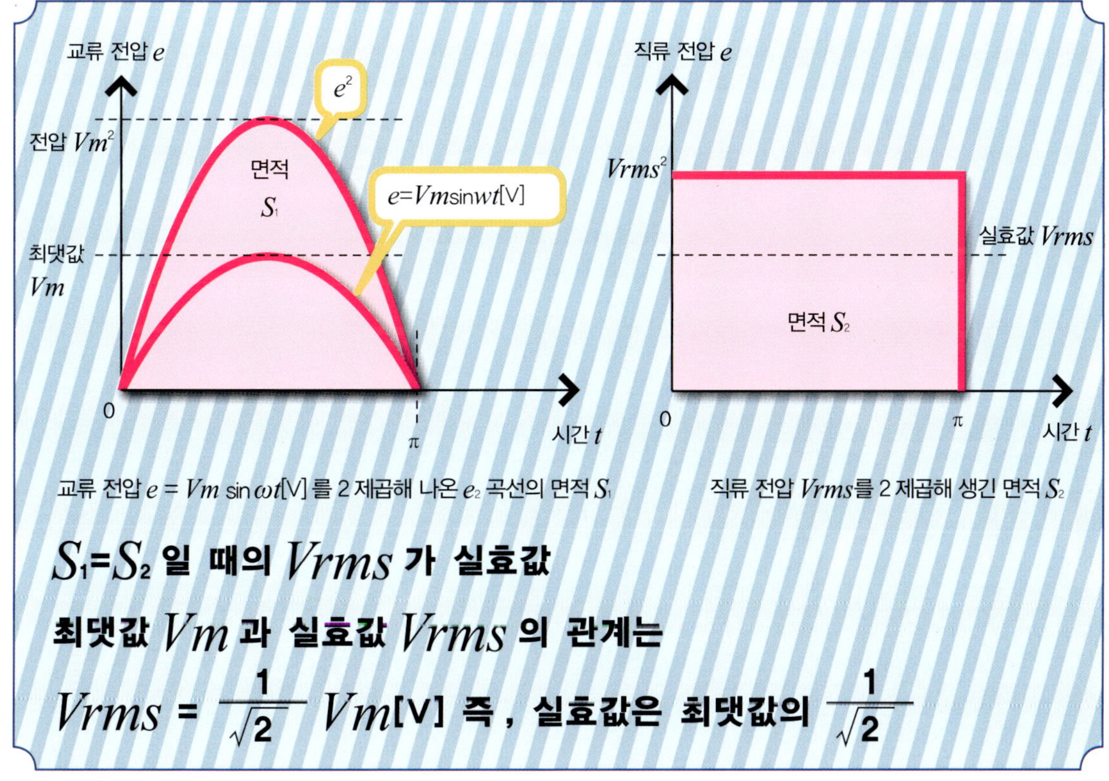

교류 전압 $e = Vm \sin \omega t[V]$ 를 2 제곱해 나온 e_2 곡선의 면적 S_1

직류 전압 $Vrms$를 2 제곱해 생긴 면적 S_2

$S_1 = S_2$ 일 때의 $Vrms$ 가 실효값

최댓값 Vm 과 실효값 $Vrms$ 의 관계는

$$Vrms = \frac{1}{\sqrt{2}} Vm[V]$$ 즉, 실효값은 최댓값의 $\dfrac{1}{\sqrt{2}}$

국내와 프랑스·일본의 정현파 교류 비교

정현파 교류에는 크기, 주파수, 위상이 있다.

크기와 주파수가 다른 교류

교류의 크기가 다르다는 것은 최댓값이 다르다는 뜻이다. 예를 들면, 국내에서는 주파수가 60Hz 이고 최댓값이 약 311V 인 교규가 공급되고 있다. 프랑스에서는 주파수가 50Hz 이고 최댓값이 약 311V 인 교류가 공급되고 있다. 이 프랑스의 교류와 일본 동부로 공급되고 있는 교류를 비교해 보겠다. 주기는 양쪽 모두 50Hz 로 똑같지만 일본의 교류 최댓값은 약 141V 이므로 최댓값이 크게 다르다.

또한 일본에는 50Hz 와 60Hz 의 정현파 교류가 있다. 이 2가지 교류의 최댓값는 똑같지만 주파수가 다르므로 주기가 약간 차이가 난다.

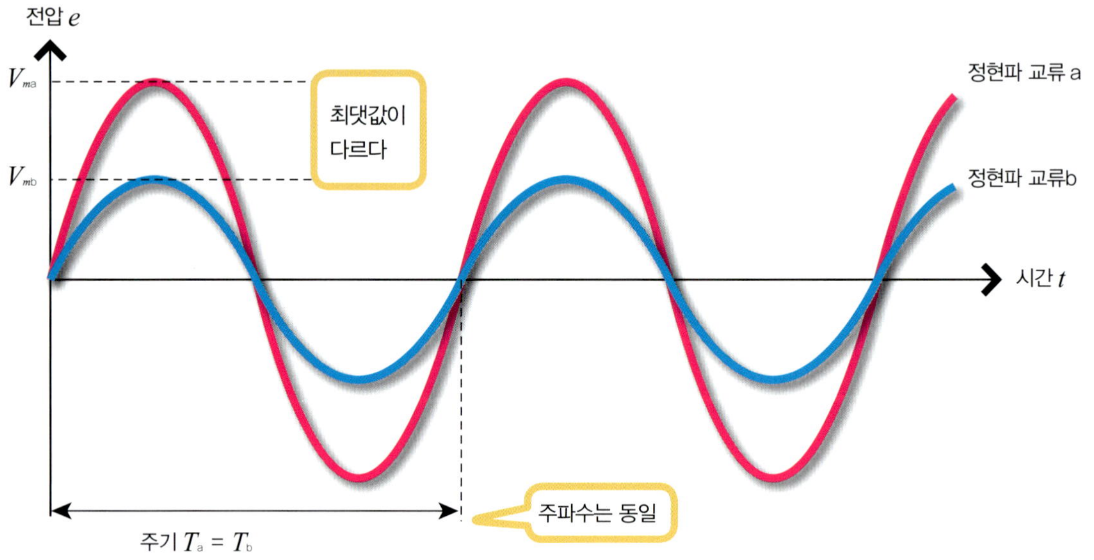

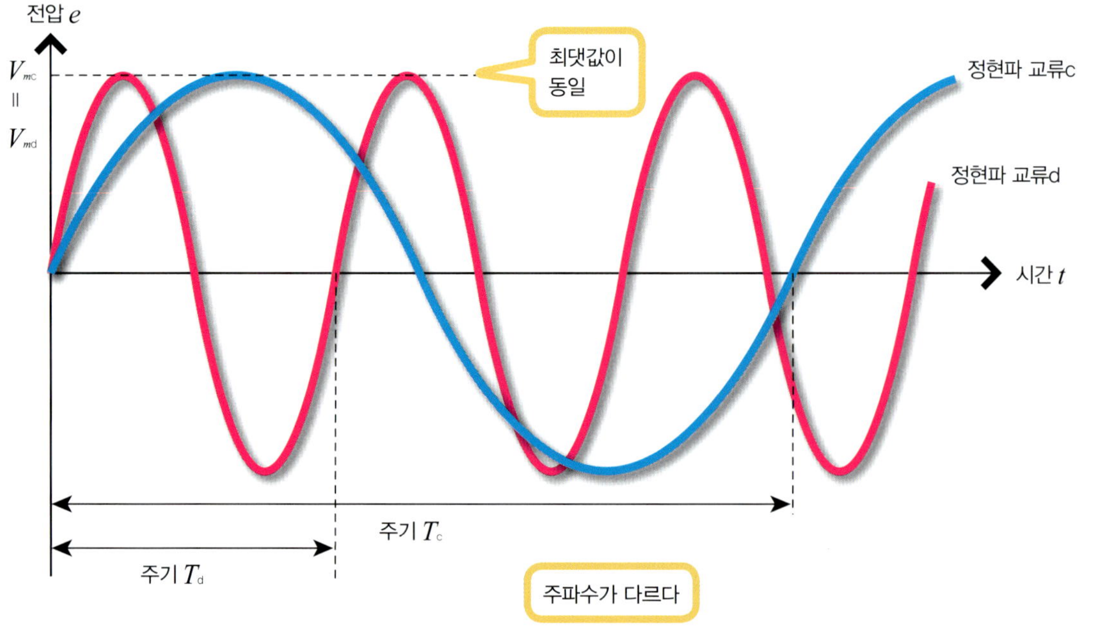

위상이 다른 교류

시간이 어긋나 있는 2개의 교류를 **위상(位相)** 이 다른 교류라고 한다 .

자계 안의 같은 위치에 길이가 똑같은 코일 A 와 B 를 θ [rad] 만큼 어긋나게 배치하고 동시에 회전시키면 코일 A 와 코일 B의 기전력은 θ [rad] 만큼 어긋나 진행된다 . 이때 코일 A 와 코일 B 의 정현파 교류는 최댓값과 주파수는 같지만 시간적으로 차이가 발생한다 . 이와 같은 교류가 **위상이 다른 교류**다 .

아래 그림의 정현파 교류 e 와 정현파 교류 f 는 위상이 $\dfrac{\pi}{2}$ 만큼 어긋나 있다 .

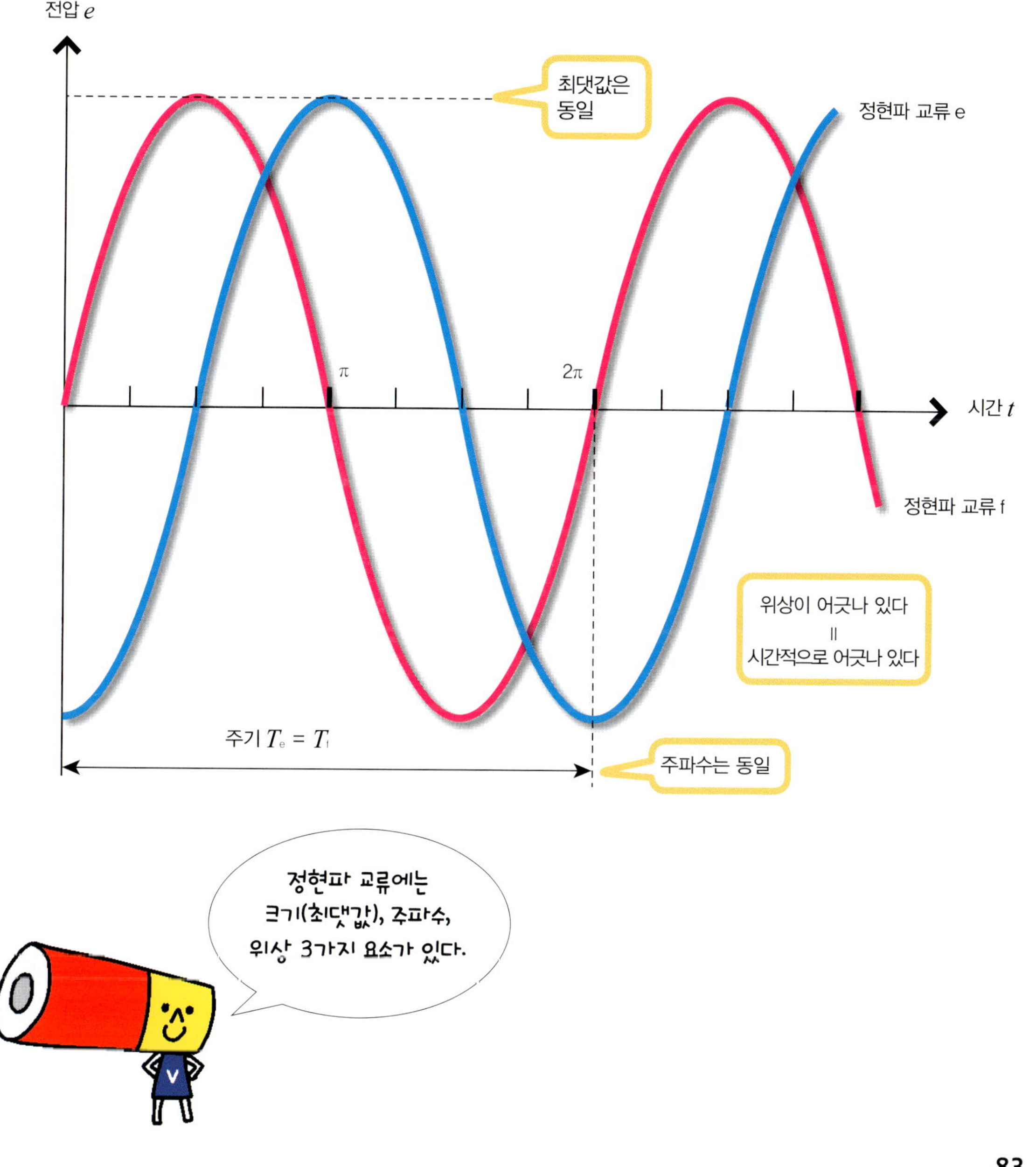

정현파 교류의 위상과 위상각

교류의 시간적인 차이를 위상차(위상각)라고 하며, 각도로 나타낸다.

위상의 크기, 위상각

위상이 다른 교류인 정현파의 차이 즉, 시간적인 차이를 위상차나 위상각이라고 한다. 이것은 각도 [rad]로 나타낸다.

아래 그림의 정현파 교류 a 와 정현파 교류 b 는 위상이 $\frac{\pi}{4}$ 만큼 어긋나 있다. 정현파 교류 a 를 기준으로 정현파 교류 b 는 $\frac{\pi}{4}$ 만큼 늦다.

이 위상의 차이는 $\frac{\pi}{4}$ [rad] 라는 각도로 나타낸다. 차이를 원으로 나타내는 경우 기준이 되는 정현파 a 에 대해 오른쪽 회전 위치에 정현파 교류 b 를 둔다.

위상각 (위상차) 은 기준으로 삼는 교류를 정한 후 상대적으로 나타낸다.

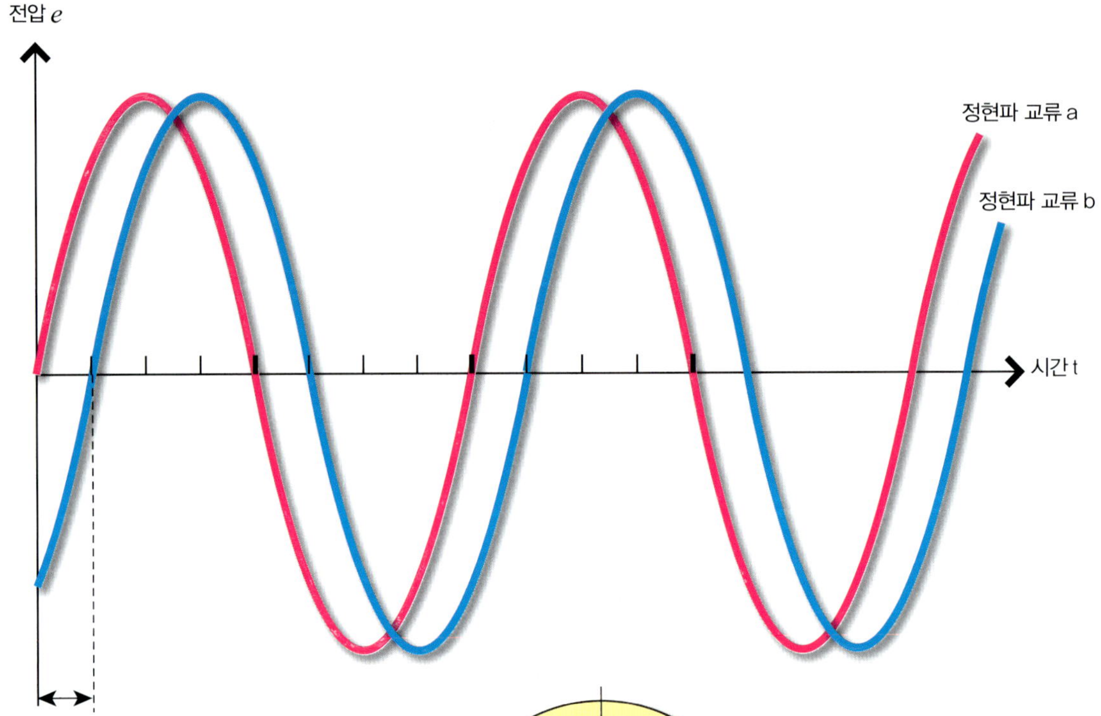

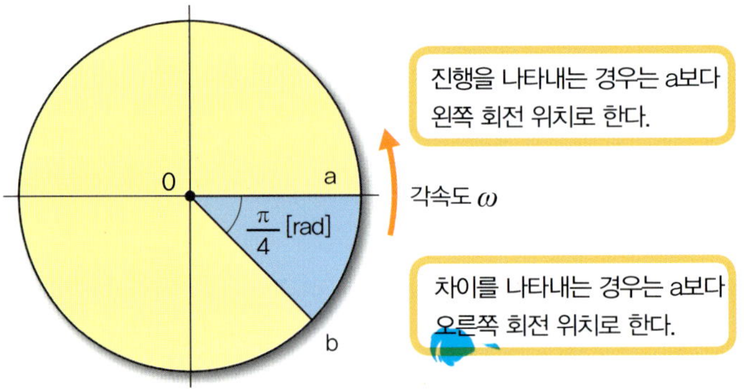

위상각의 표현

위상각은 π [rad] 까지로 나타낸다. 아래 그림에서 왼쪽 2 개 정현파 교류의 위상각은 $\frac{3\pi}{4}$ [rad] 라는 표현을 사용해도 문제는 없지만, 오른쪽 2 개 정현파 교류의 위상각은 $\frac{5\pi}{4}$ [rad] 라고 표현하지 않는다. 왼쪽과 마찬가지로 $\frac{3\pi}{4}$ [rad] 다.

이런 경우 때문에 위상각은 「나아가 있다」「뒤져 있다」 라고 표현한다. 왼쪽 정현파 교류 c 와 d 의 위상각은 d 를 기준으로 「c 는 d 보다 $\frac{3\pi}{4}$ [rad] 나아가 있다」 라고 표현하며, 오른쪽 정현파 교류 e 와 f 의 위상각은 f 를 기준으로 「e 는 f 보다 $\frac{3\pi}{4}$ [rad] 뒤져 있다」 라고 표현한다.

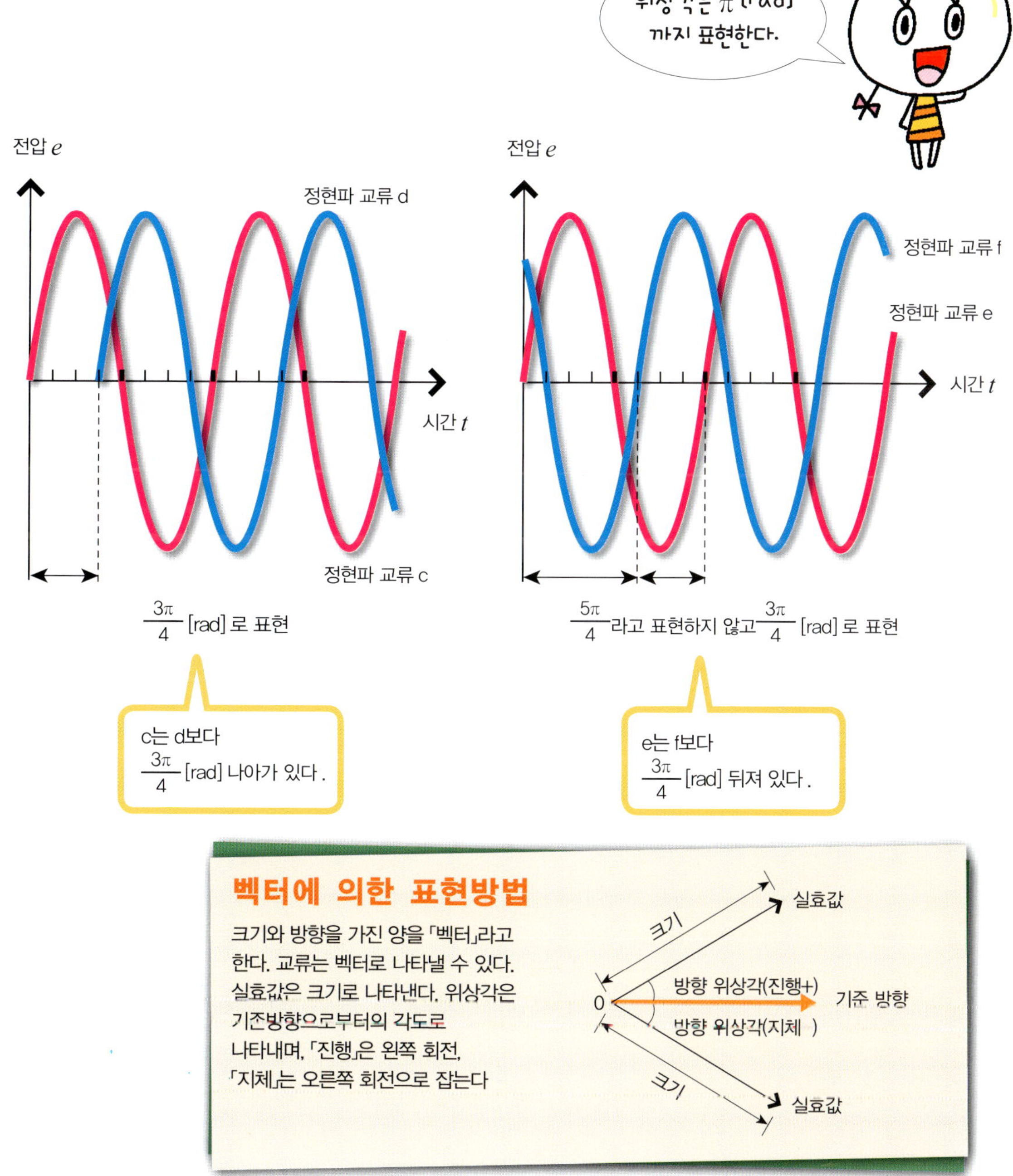

인덕턴스란 무엇인가?

자기 유도 작용과 인덕턴스

코일에 전류를 흘려 보내면 코일에는 자계가 발생한다. 직류는 전류의 크기나 방향이 일정하므로 발생한 자계에는 변화가 없다. 그러나 교류를 흘려 보냈을 경우 전류의 변화에 의해 자계가 변화해 전자 유도 작용으로 인해 기전력이 생긴다. 이 현상을 **자기 유도 작용**이라고 한다. 또한 이 기전력을 **자기 유도 기전력**이라고 한다.

자기 유도 작용은 코일의 크기나 권수 등에 의해 자기 유도 기전력이 결정된다. 이 코일의 특성을 **인덕턴스 (Inductance)** 라고 한다. 인덕턴스의 기호는 L 이고, 단위는 헨리 [H] 이다.

자기 유도 기전력은 전류의 변화를 방해하려는 방향으로 발생하기 때문에 저항 같은 작용을 한다. 이 저항 작용을 **유도 리액턴스 (Reactance)** 라고 한다. 단위는 [Ω] 이다.

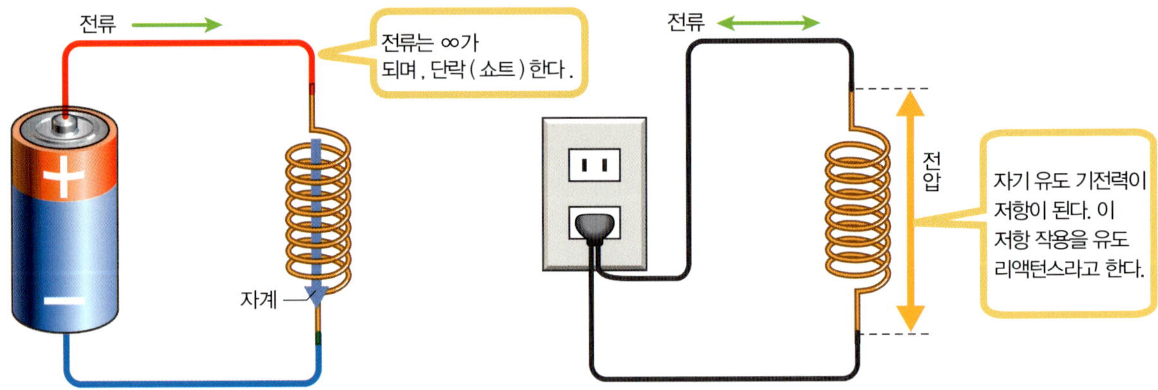

코일에 전류를 흘려보내면 자계가 발생한다. 직류는 전류가 변화하지 않으므로 자계도 변화하지 않는다. 이때의 코일 저항은 거의 0[Ω]이다.

코일에 전류를 흘려보내면 전류가 변화하기 때문에 자계도 변화한다. 이 변화를 없애는 방향으로 기전력이 유도된다. 자기 유도 기전력은 저항과 같은 작용을 한다.

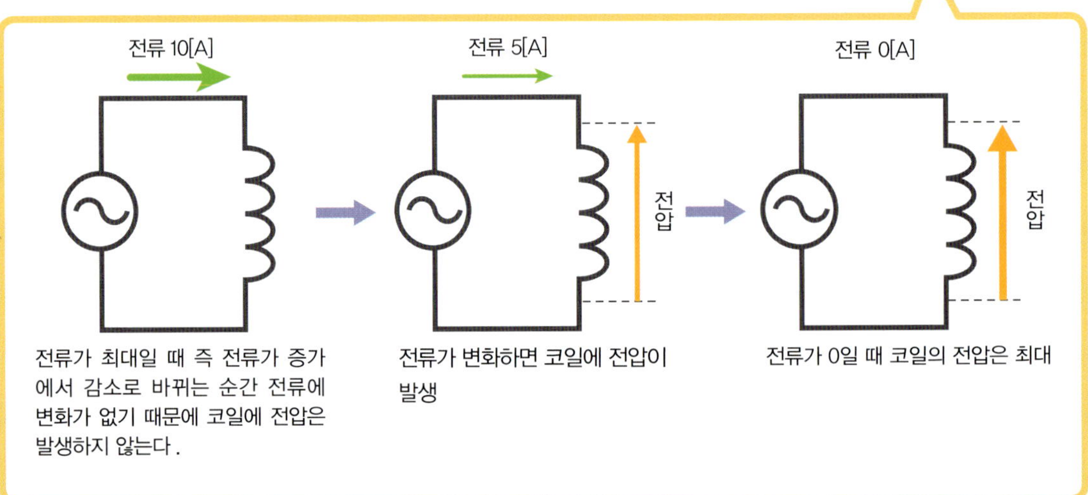

전류가 최대일 때 즉 전류가 증가에서 감소로 바뀌는 순간 전류에 변화가 없기 때문에 코일에 전압은 발생하지 않는다.

전류가 변화하면 코일에 전압이 발생

전류가 0일 때 코일의 전압은 최대

자기 유도 기전력과 전류의 관계

아래의 정현파 교류는 회로에 흐르는 전류의 양과 자기 유도 기전력의 전압 높이다. 회로에 흐르는 전류의 변화가 없는 부분에서 자기 유도 기전력은 0이 되며, 회로에 흐르는 전류의 변화가 최대인 부분에서 자기 유도 기전력이 최대가 된다는 것을 알 수 있다.

또한 회로에 흐르는 전류와 자기 유도 기전력은 같은 주파수의 정현파라도 위상이 $\frac{\pi}{2}$ 만큼 어긋난다.

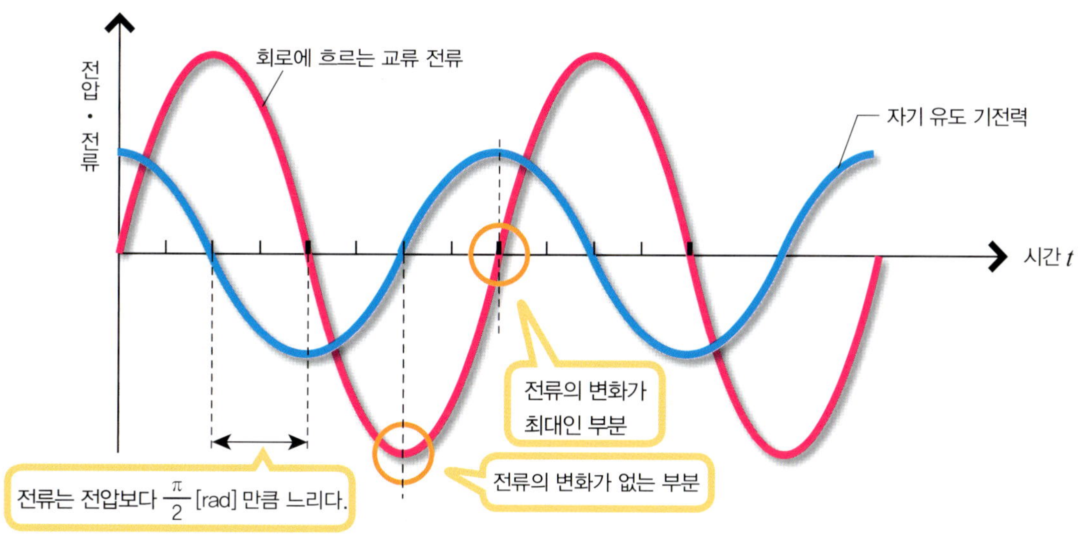

유도 리액턴스의 특징

코일에 의한 유도 리액턴스는 X_L 기호로 나타내며, 단위는 [Ω] 이다. 유도 리액턴스는 교류 주파수에 비례한다. 그 때문에 주파수가 높아지면 유도 리액턴스는 커지며, 회로에 전류가 흐르기 어려워진다. 반대로 주파수가 낮으면 유도 리액턴스는 작아지며, 전류는 흐르기 쉬워진다.

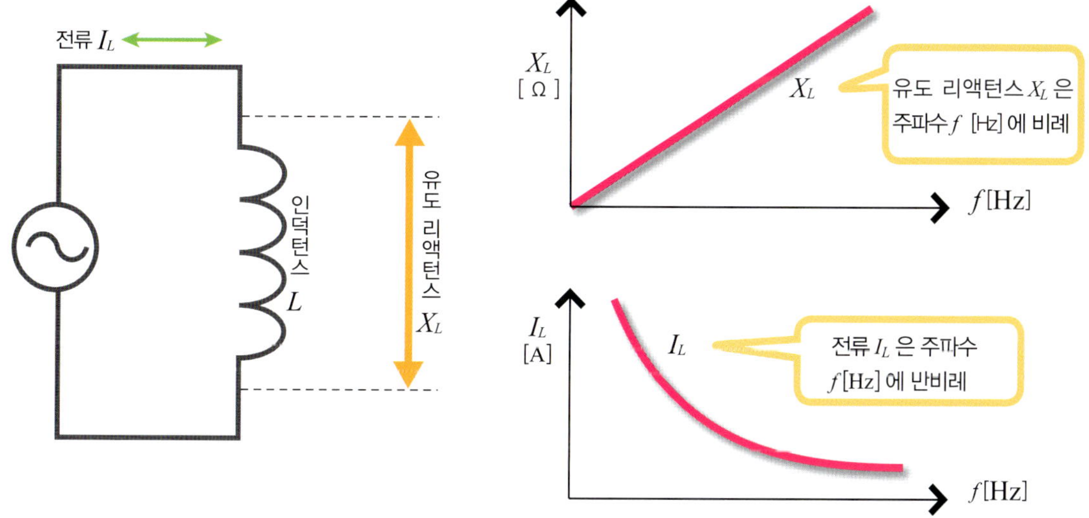

콘덴서의 충전과 방전의 작용은?

전하를 저장하는 콘덴서

콘덴서는 절연체를 금속판(전극) 사이에 끼워서 만드는데 금속판에 전기를 충전할 수 있다. 콘덴서의 2개 극성에 전지로 전압을 가하면 전지의 플러스극에 접속된 전극 M에서는 자유전자가 쿨롱 힘에 의해 끌려가게 되어 감소한다. 그 결과, 플러스로 대전된다. 전극 L에는 플러스로 대전된 전극 M에서 유출된 자유전자가 모임으로서 전극 M과 L에는 전위차가 생긴다. 전극 사이의 절연체 안에서는 정전유도에 의해 전극쪽으로 마이너스 전하가 모이고 전극 L 쪽에 플러스 전하가 모이는 상태가 된다. 이처럼 극성이 나누어지는 것을 **분극(分極)**이라고 한다.

콘덴서는 이와 같은 구조를 통해 충전한다.

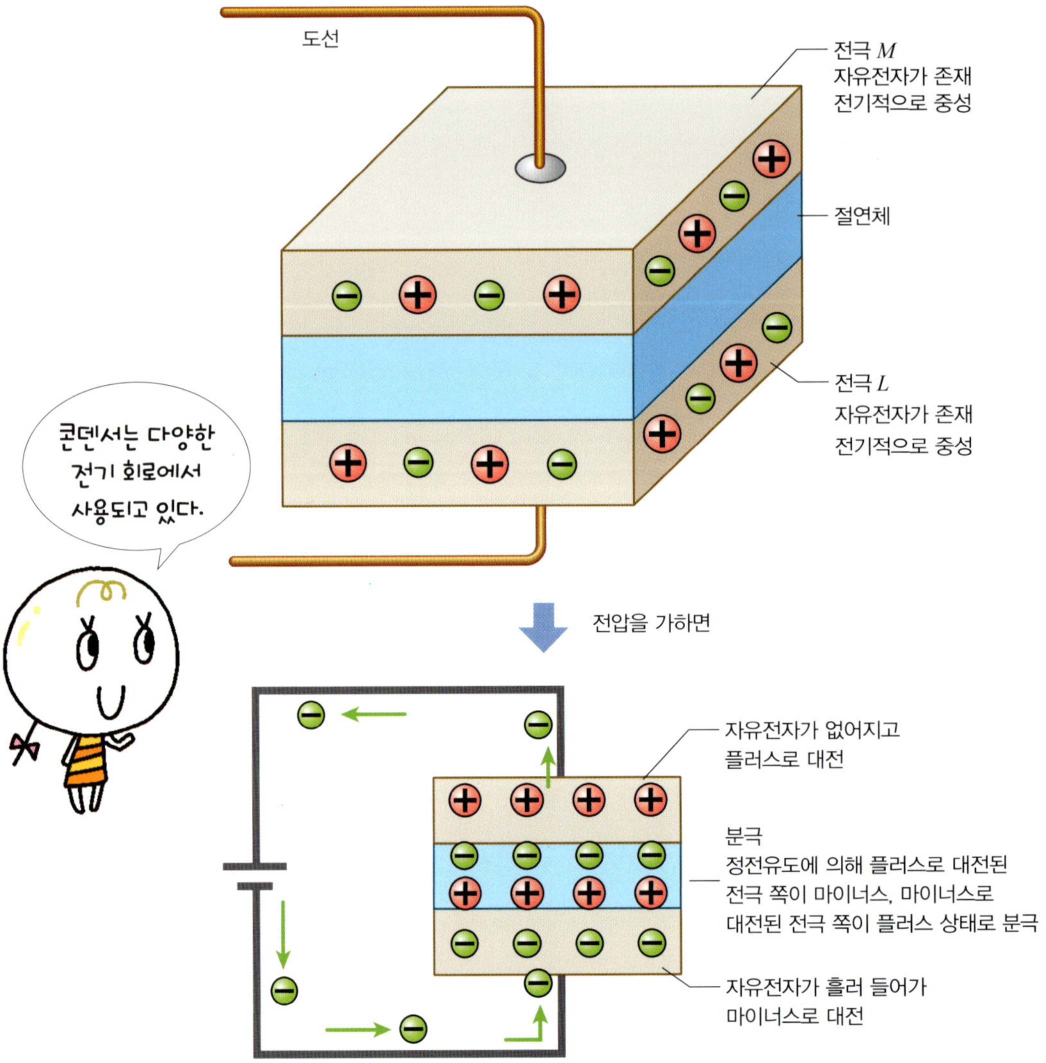

콘덴서의 충전과 방전

콘덴서의 충전은 전극의 전위차가 전기의 전압과 똑같아졌을 때 전하의 이동이 없어지면서 완료된다. 충전된 상태에서는 각 전하가 서로 끌어당기기 때문에 전지를 분리하더라도 충전 상태가 유지된다.

충전된 콘덴서에 저항을 연결하면 마이너스로 대전된 전극에서 저장되었던 자유전자가 이동한다. 이 상태를 **방전(放電)** 이라고 한다. 콘덴서는 전기를 한꺼번에 방전할 수 있다. 예를 들어 사진 촬영에 사용하는 스트로보는 이 콘덴서를 이용한 것이다.

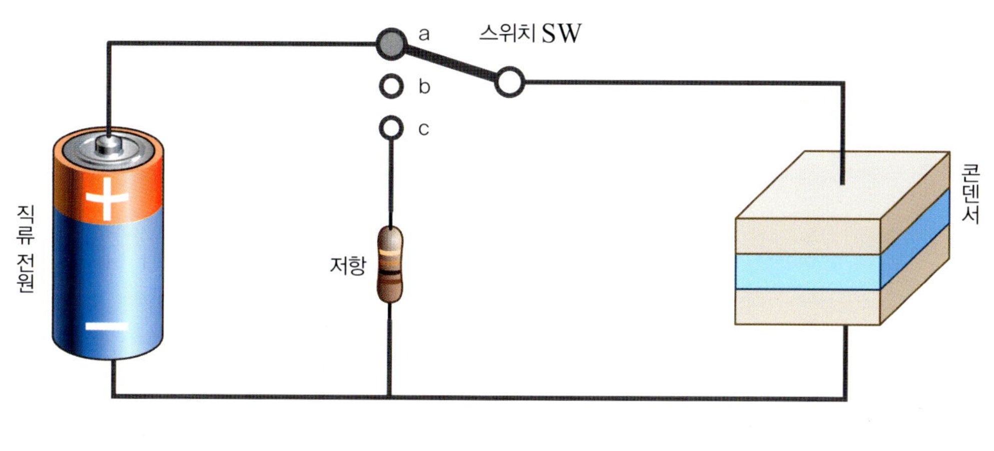

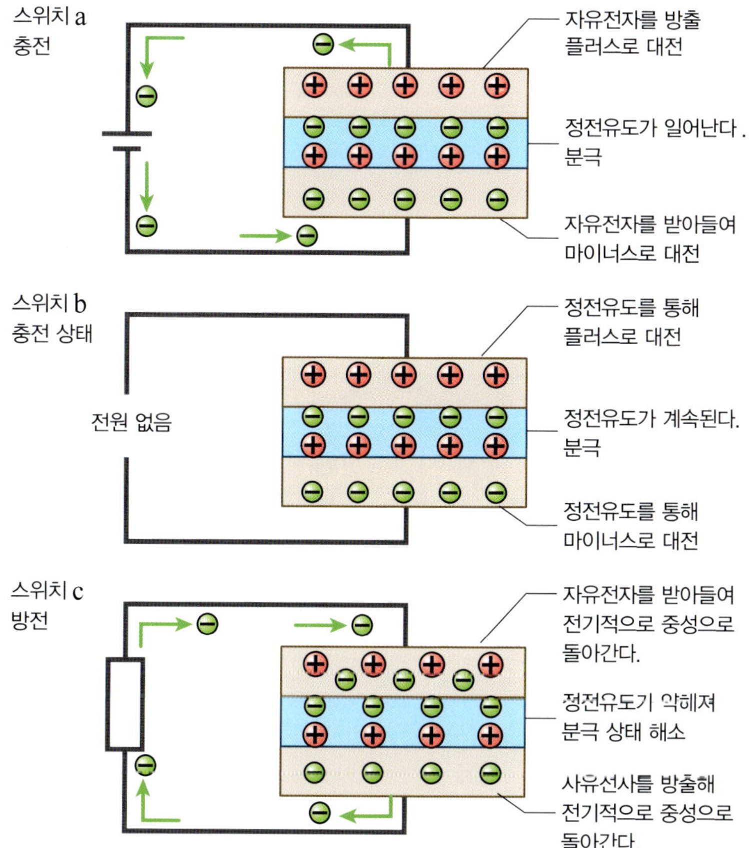

콘덴서의 정전 용량이란?

콘덴서의 정전 용량은 전극의 면적, 전극 사이의 거리, 절연체의 종류에 따라 바뀐다. 또한 콘덴서는 교류를 흐르게 한다.

콘덴서의 정전 용량

콘덴서에 저장되는 전기량을 **정전 용량** 또는 **커패시턴스 (Capacitance)** 라고 한다. 기호는 C 로 나타내며, 단위는 패럿 [F] 이다. 1F 의 콘덴서는 1V 의 전압을 가했을 때 1C 의 전하를 저장할 수 있다.

콘덴서의 정전 용량은 전극 면적이 클수록, 전극 사이가 좁을수록 커진다. 콘덴서의 전극 면적을 S, 전극 사이의 거리를 l, 절연체의 유전율을 ε 으로 치면 정전 용량 C 는 $C = \dfrac{\varepsilon \times S}{l}$ 로 구할 수 있다. 또한 저장되는 전하량은 전하 = 정전 용량 × 전압으로 구할 수 있다. 유전율 (誘電率) 이란 절연체의 전기를 모아두는 정도를 나타낸다. 정전 용량은 절연체의 유전율에 따라서도 바뀌며, 유전율이 클수록 정전 용량은 커진다.

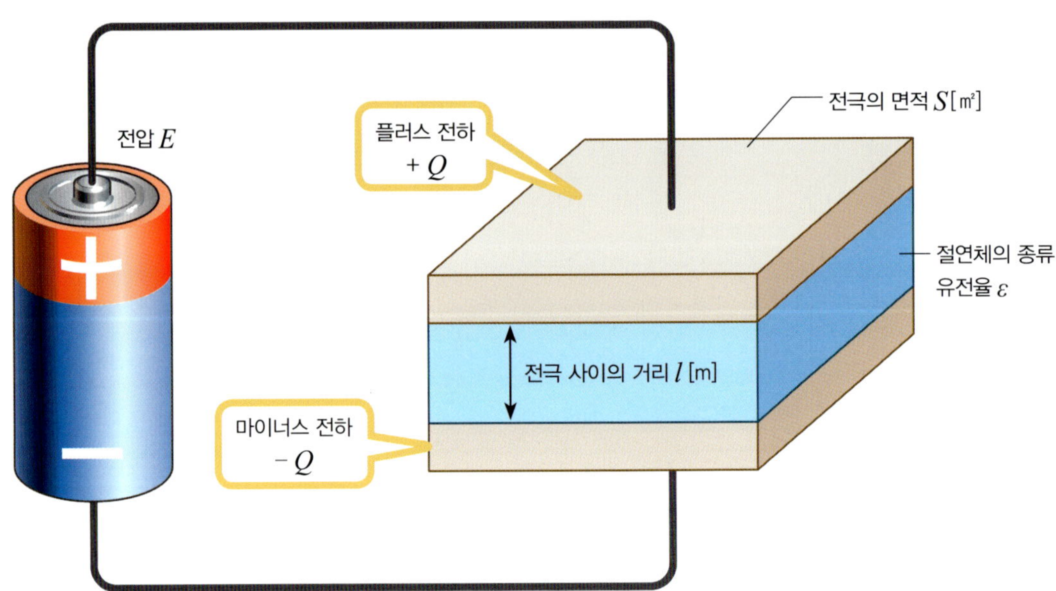

$$\text{전하 } Q \, [\text{C}] = \text{정전 용량 } C \, [\text{F}] \times \text{전압 } E \, [\text{V}]$$

$$\text{정전 용량 } C \, [\text{F}] = \frac{\text{유전율 } \varepsilon \times \text{면적 } S \, [\text{㎡}]}{\text{전극사이의 거리 } l \, [\text{m}]}$$

대표적인 콘덴서의 절연체

콘덴서에 사용되는 절연체에는 다양한 것들이 있다. 오른쪽 표는 콘덴서의 절연체에 사용되는 소재와 그 유전율이다.

소재	크라프트지	파라핀	폴리스틸렌	알루미늄
유전율	2.9	2.2	2.6	8.5

콘덴서와 직류 · 교류

직류 회로에서 콘덴서를 사용했을 경우 , 콘덴서의 충전이 완료되면 전류는 흐르지 않지만 교류 회로에서는 흐른다 . 그 이유는 교류 전원은 전압 크기와 방향이 주기적으로 변화하고 있기 때문이다 .

아래 그림처럼 교류에서는 콘덴서가 방전과 충전을 반복한다 . 콘덴서 자체를 자유전자는 통과하지 않지만 교류가 흐르고 있는 것처럼 보이기 때문에 교류에서는 콘덴서가 전류를 흘린다고 표현한다 .

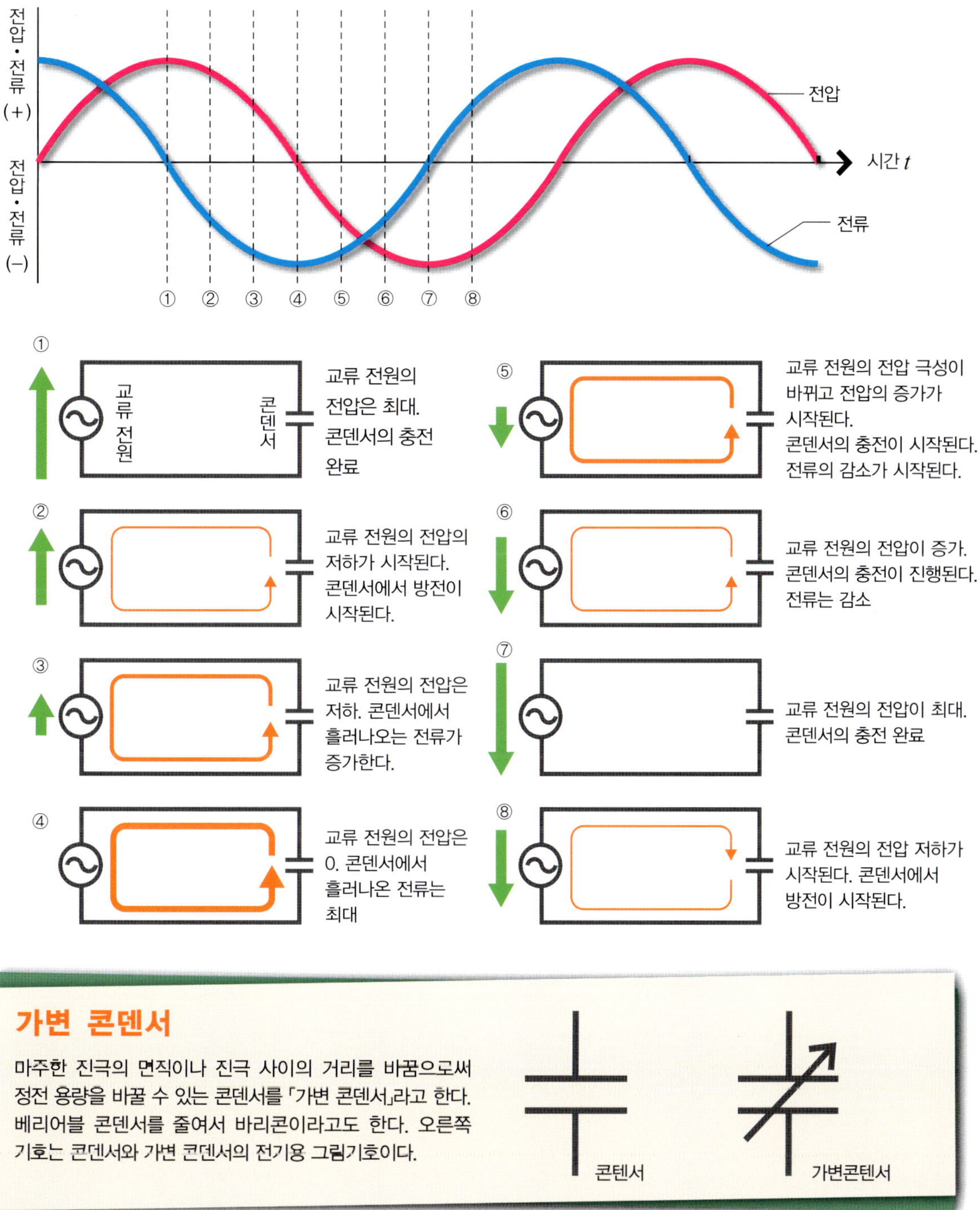

가변 콘덴서

마주한 진극의 면직이나 진극 사이의 거리를 바꿈으로써 정전 용량을 바꿀 수 있는 콘덴서를 「가변 콘덴서」라고 한다. 베리어블 콘덴서를 줄여서 바리콘이라고도 한다. 오른쪽 기호는 콘덴서와 가변 콘덴서의 전기용 그림기호이다.

콘덴서의 전압과 전류의 관계는?

교류에 접속된 콘덴서는 저항으로 작용한다.

용량 리액턴스

콘덴서에 전압을 가하면 충전된다. 직류 전원은 콘덴서를 충전할 수는 있지만 전압에 변화가 없기 때문에 전류는 흐르지 않는다. 교류 전원은 전압의 높이나 방향이 변화하기 때문에 전류를 흐르게 한다. 콘덴서가 충전된다는 것은 그곳에 전위차(전압)가 생기고 있다는 뜻이다. 이 콘덴서의 전압은 저항 작용을 가진다. 이 저항 작용을 **용량 리액턴스**라고 한다. 기호는 X_c 이고, 단위는 [Ω] 이다. 이 용량 리액턴스나 코일에 의한 유도 리액턴스 등의 저항 같은 작용을 **임피던스 (Impedance)** 라고 한다. 임피던스는 교류 회로에서 전류가 흐르기 어려운 정도를 나타낸다.

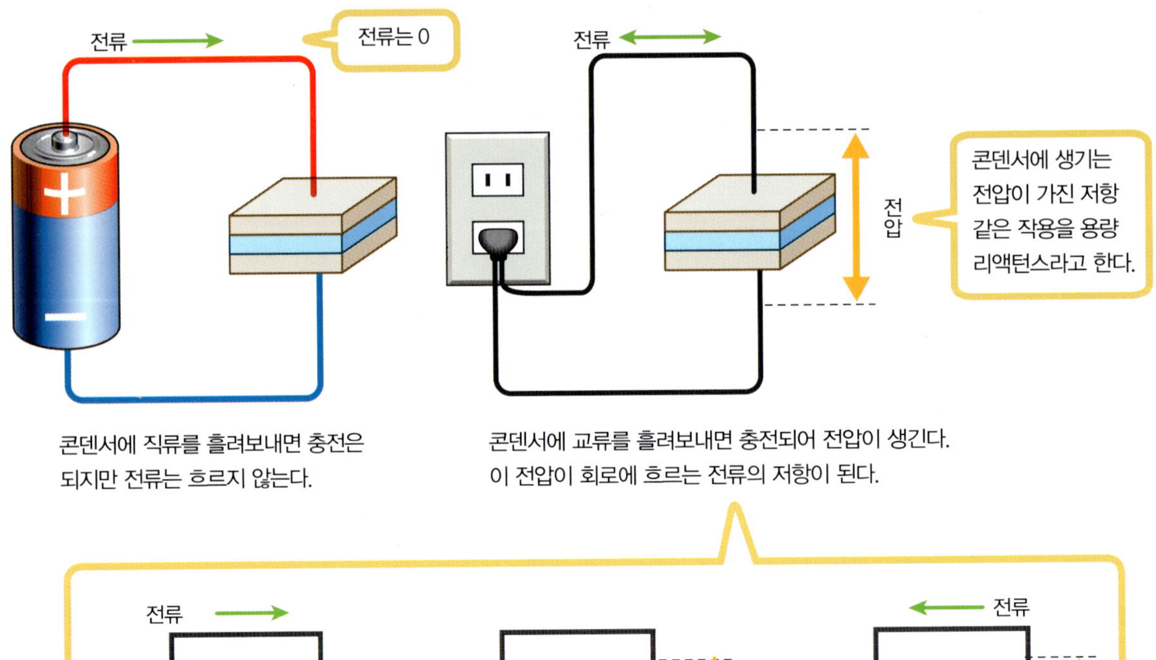

콘덴서에 직류를 흘려보내면 충전은 되지만 전류는 흐르지 않는다.

콘덴서에 교류를 흘려보내면 충전되어 전압이 생긴다. 이 전압이 회로에 흐르는 전류의 저항이 된다.

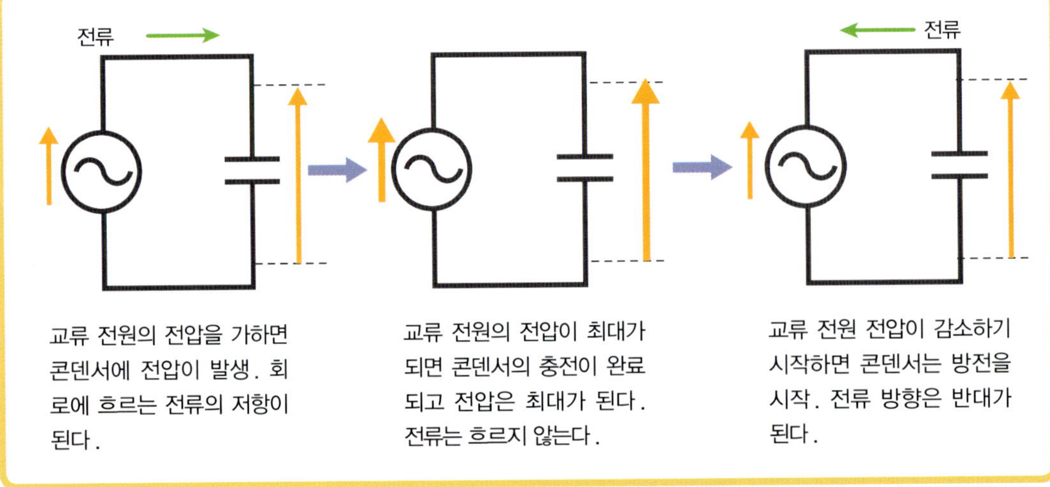

교류 전원의 전압을 가하면 콘덴서에 전압이 발생. 회로에 흐르는 전류의 저항이 된다.

교류 전원의 전압이 최대가 되면 콘덴서의 충전이 완료되고 전압은 최대가 된다. 전류는 흐르지 않는다.

교류 전원 전압이 감소하기 시작하면 콘덴서는 방전을 시작. 전류 방향은 반대가 된다.

콘덴서의 전압과 전류의 관계

아래의 정현파 교류는 회로에 흐르는 전류의 양과 콘덴서에 발생하는 전압의 높이다. 콘덴서의 전압이 최대인 부분에서 회로에 흐르는 전류가 0 이 되고 콘덴서 전압이 0 인 부분에서 회로에 흐르는 전류가 최대가 된다는 것을 알 수 있다.

또한 회로에 흐르는 전류와 콘덴서의 전압이 동일한 주파수의 정현파라도 위상이 $\frac{\pi}{2}$ 만큼 어긋나 있다.

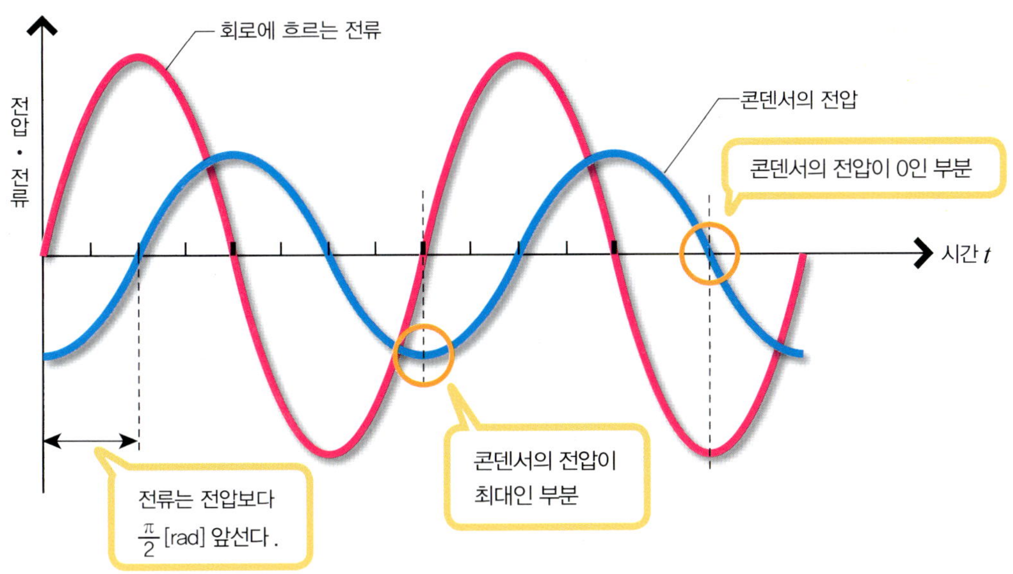

용량 리액턴스의 특성

용량 리액턴스는 교류 주파수에 반비례한다. 그 때문에 주파수가 높아지면 용량 리액턴스는 작아지고 회로에 전류가 흐르기 쉬워진다. 반대로 주파수가 낮아지면 용량 리액턴스는 커지고 전류는 흐르기 어려워진다.

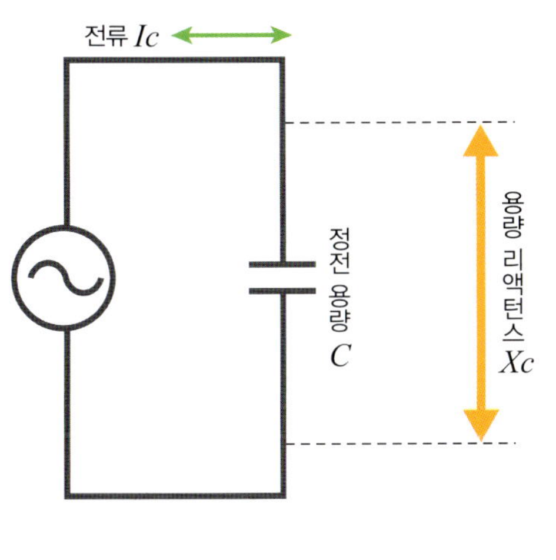

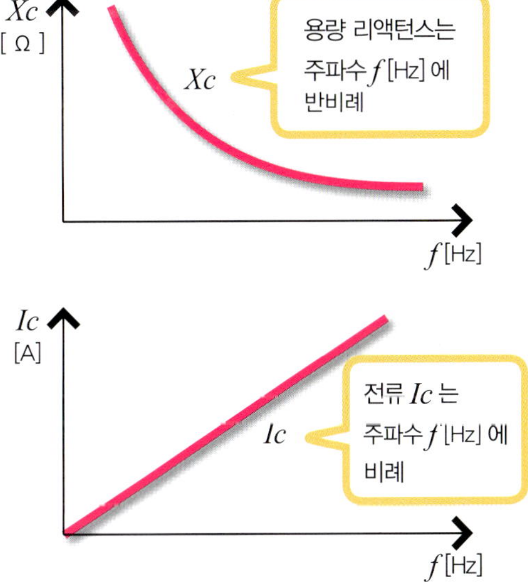

반도체의 종류와 전류의 운반 수단은?

반도체는 조건에 따라 도체가 된다.

반도체의 종류와 성질

반도체는 절연체와 도체의 중간적인 성질을 갖고 있다. 반도체에는 1 개의 원소로 된 **원소 반도체**(게르마늄이나 실리콘 등)와 2 개 이상의 원소로 된 **화합물 반도체**(칼륨과 비소 화합물 등)가 있다.

순도가 높은 실리콘은 상온에서는 전기가 통하지 않는 절연체가 되지만 온도를 높이면 도체가 된다. 또한 실리콘에 인 등과 같은 특정 불순물을 소량이라도 추가하면 도체가 된다. 불순물이 들어가지 않는 반도체를 **진성 반도체**라고 하며, 불순물을 넣은 반도체를 **불순물 반도체**라고 한다.

원소 반도체의 가전자는 4 개다. 여기에 가전자가 5 개인 원소를 추가한 불순물 반도체를 「N 형 반도체」라고 하며, 가전자가 3 개인 원소를 추가한 불순물 반도체를 **P 형 반도체**라고 한다. N 형 반도체를 만들기 위해 추가하는 불순물을 **도너**, P 형 반도체를 만들기 위해 추가하는 불순물을 **억셉터**라고 한다.

진성 반도체(온도가 낮을 때의 실리콘)

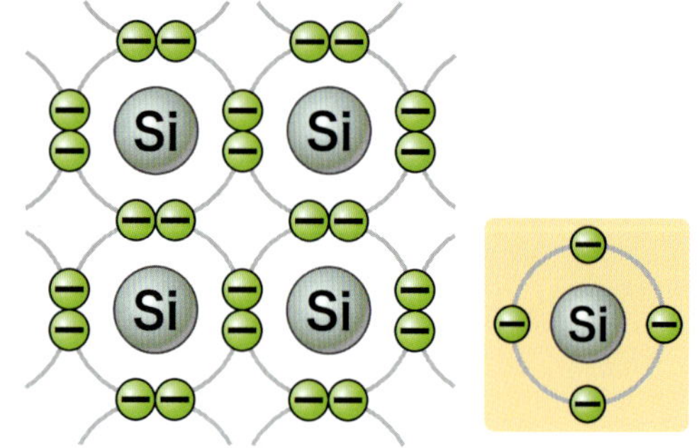

실리콘은 가전자를 4 개 가지며, 최대 8 개의 전자를 받아들인다. 인접한 원자는 전자를 2 개씩 공유해 결합한다. 자유전자가 없기 때문에 절연체이다.

진성 반도체(온도가 높을 때의 실리콘)

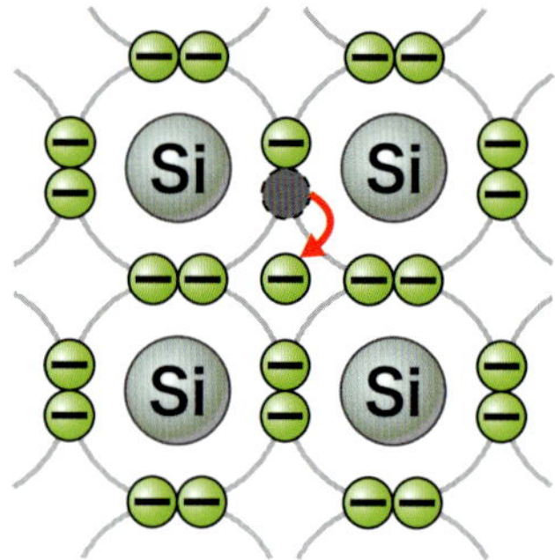

실리콘의 가전자는 온도가 높아지면 원자가 진동하기 때문에 뛰어나가 자유전자가 된다. 그 때문에 실리콘은 도체가 된다.

N형 반도체(실리콘에 인을 추가했을 경우)

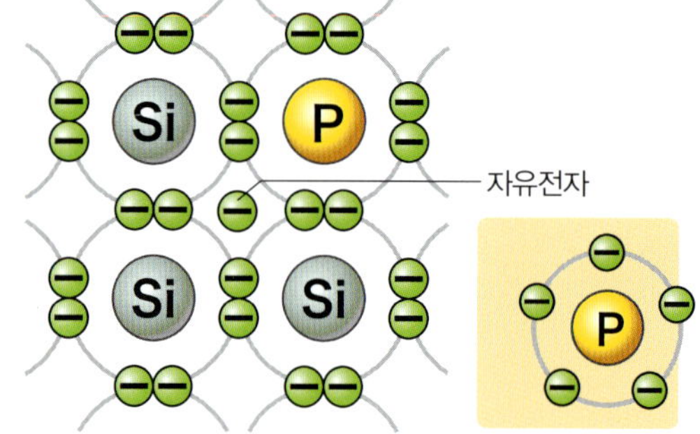

인은 가전자를 5 개 갖고 있다. 그중 4 개는 실리콘의 가전자와 공유해 결합하지만 1 개는 자유전자가 된다.

P형 반도체(실리콘에 붕소를 추가했을 경우)

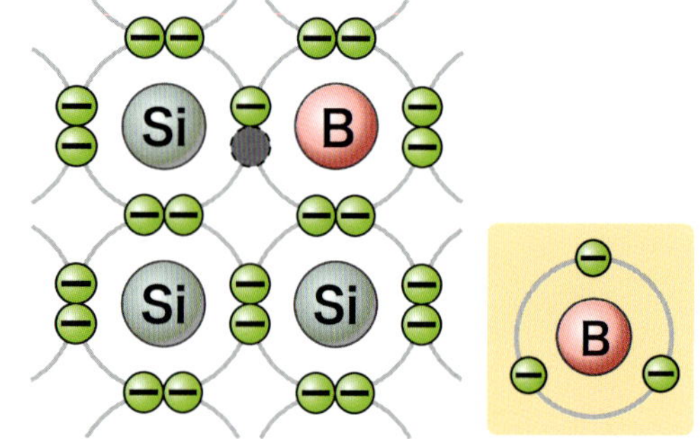

붕소는 가전자를 3 개 갖고 있다. 실리콘의 가전자와 공유해 결합하면 전자가 부족한 곳이 생긴다. 이곳을 「정공(홀)」이라고 한다.

N형 반도체와 P형 반도체의 전류 운반수단

N 형 반도체에는 자유전자가 있다. 도체와 마찬가지로 전압을 가하면 자유전자가 플러스극으로 이동한다(전류가 흐르는 상태). 자유전자 같은 전하의 운반수단이 되는 것을 「캐리어」라고 한다. 마이너스(음) 전하를 가진 자유전자가 캐리어가 되기 때문에, N 형 반도체(Negative= 음)라고 한다.

P 형 반도체에는 전자가 부족한 곳인 정공(홀)이 있다. 마이너스 전하인 전자가 부족한 곳이므로 정공은 플러스 전하를 가진다고 표현할 수 있다. P 형 반도체에서는 자유전자가 이웃한 정공을 이동시키는데 이것은 정공이 이동하는 것처럼 보이므로 정공을 P 형 반도체의 캐리어로 취급한다. 플러스(양)의 전하를 가진 정공이 캐리어가 되기 때문에 P형 반도체(Positive= 양)라고 한다.

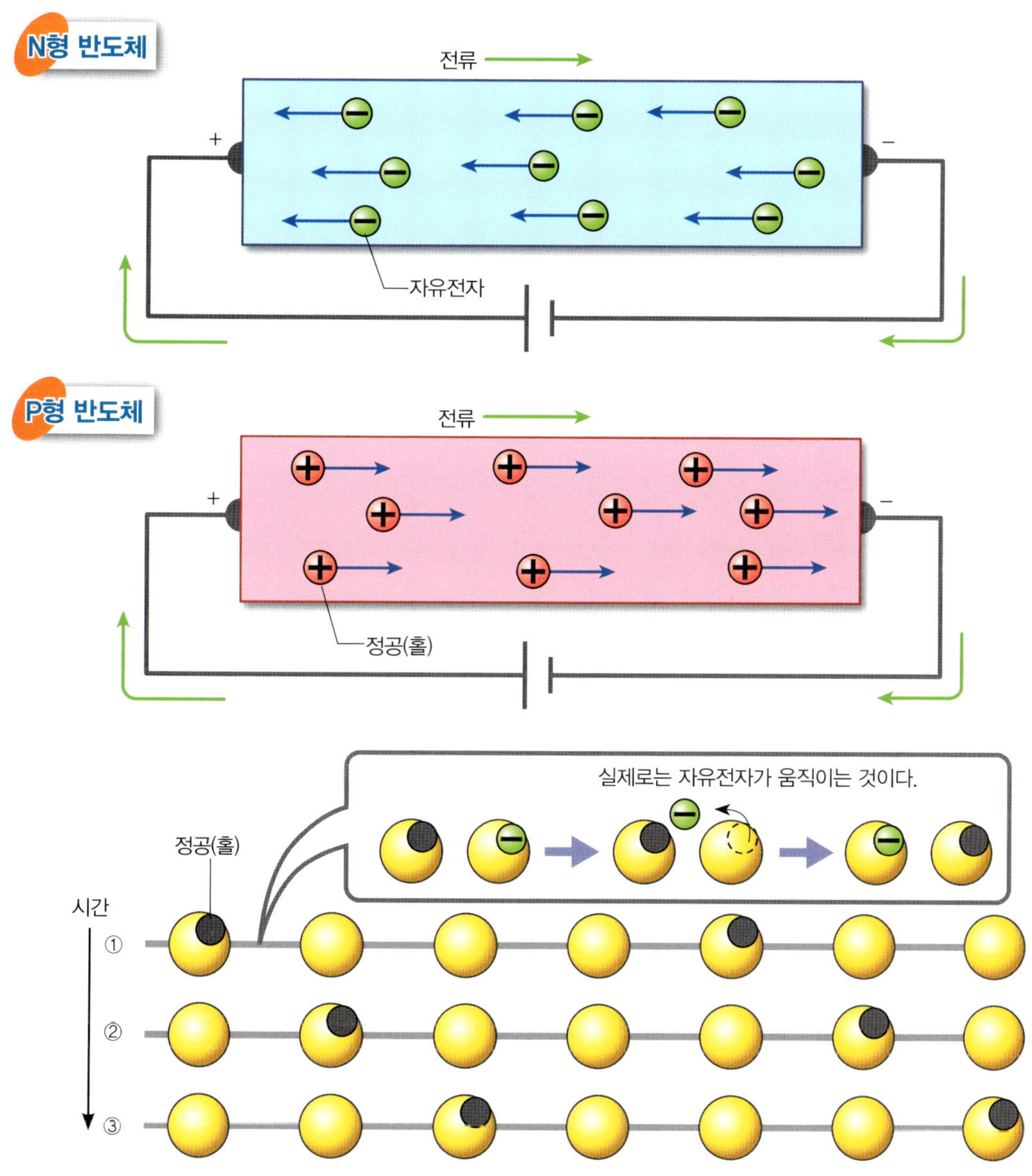

P형 반도체는 플러스 전하를 가진 정공이 이동하는 것으로 생각한다.

다이오드는 어떤 작용을 하는가?

다이오드는 순방향으로만 전류를 흘려보낸다.

PN 접합 다이오드

반도체를 사용한 전자부품을 **반도체 소자**라고 하며, P형 반도체와 N형 반도체를 접합한 반도체를 **PN 접합 다이오드**라고 한다. P형 반도체에는 정공(홀)과 억셉터가 있으며, N형 반도체에는 자유전자와 도너가 있다. PN 접합부 근처에서는 P형 반도체에 있던 정공 일부가 N형 반도체 안으로 이동하고 N형 반도체가 있던 자유전자의 일부가 P형 반도체 안으로 이동한다. 그리고 이동해온 정공과 자유전자가 결합한다. 그 결과, 접합부 근처에서는 전기의 운반수단인 정공과 자유전자가 없어짐으로써 P형 반도체 쪽에는 정공을 잃고 마이너스에 이온화된 억셉터가 남으며, N형 반도체 쪽에는 자유전자를 잃고 플러스로 이온화된 도너가 남은 **공핍층(空乏層)**이라는 부분이 생긴다. 공핍층은 분극되어 있기 때문에 전위차가 있다. P형 반도체 쪽의 전극을 애노드, N형 반도체 쪽의 전극을 캐소드라고 한다.

PN 접합 다이오드는 P형에서 N형으로는 전류가 흐르지만 N형에서 P형으로는 전류가 흐르지 않는다. 이와 같이 한 방향으로만 전류가 흐르는 것을 **정류작용(整流作用)**이라고 한다.

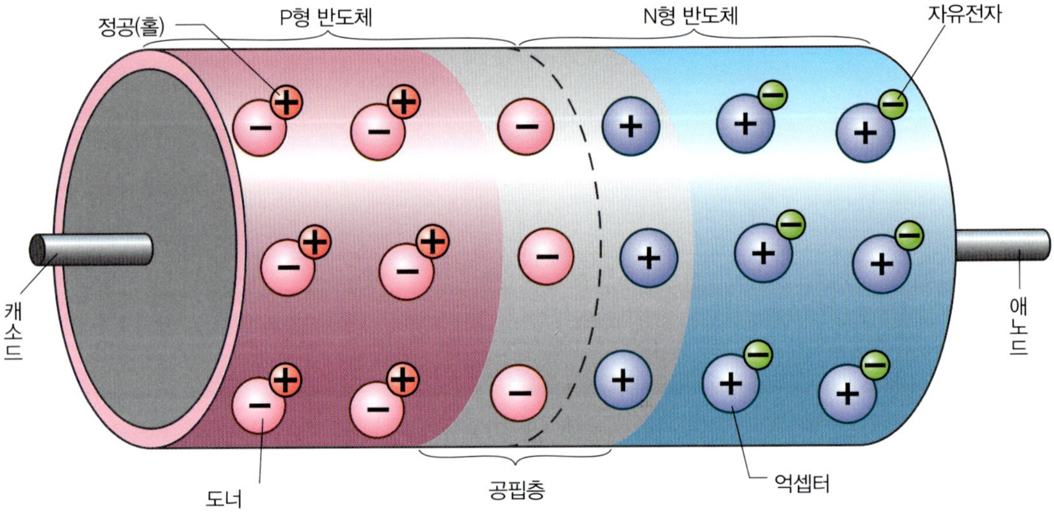

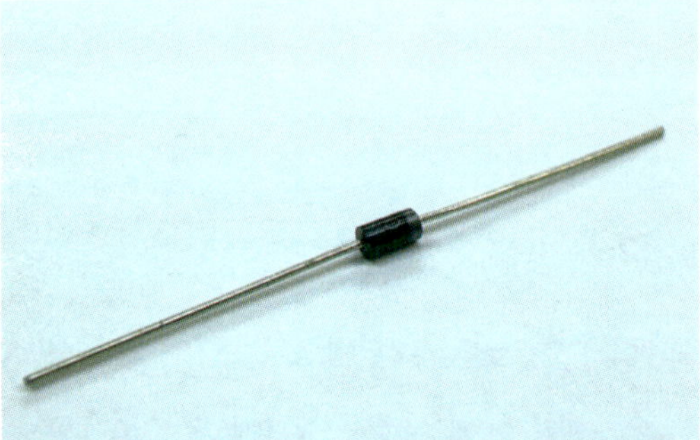

▲ PN 접합 다이오드

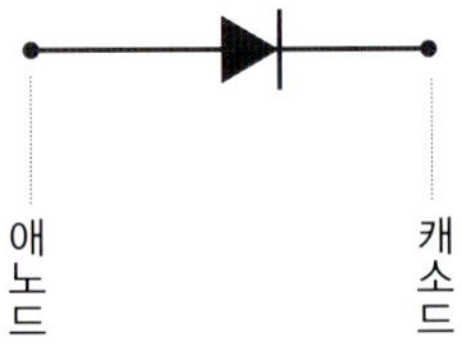

정류작용의 원리

전류가 흐르는 방향(P 형에서 N 형)으로 걸리는 전압을 **순방향 전압**이라고 한다. 반대로 전류가 흐를 수 없는 방향(N 형에서 P 형)으로 걸리는 전압을 **역방향 전압**이라고 한다.

PN 접합 다이오드의 애노드에 직류 전원의 플러스극을 연결하고 캐소드 쪽에 마이너스극을 연결하면 순방향이 된다. 이렇게 하면 P 형의 정공은 캐소드에 붙고 N형의 자유전자는 애노드로 붙는다. 정공과 자유전자가 이동함으로써 전류가 흐르는 상태가 된다.

애노드에 직류 전원의 마이너스극을 연결하고 캐소드에 플러스극을 연결하면 역방향이 된다. 역방향의 경우는 P형의 정공이 애노드로 붙고 N형의 자유전자는 캐소드로 붙는다. 이때는 공핍층이 넓어질뿐, 전류는 흐르지 않는다.

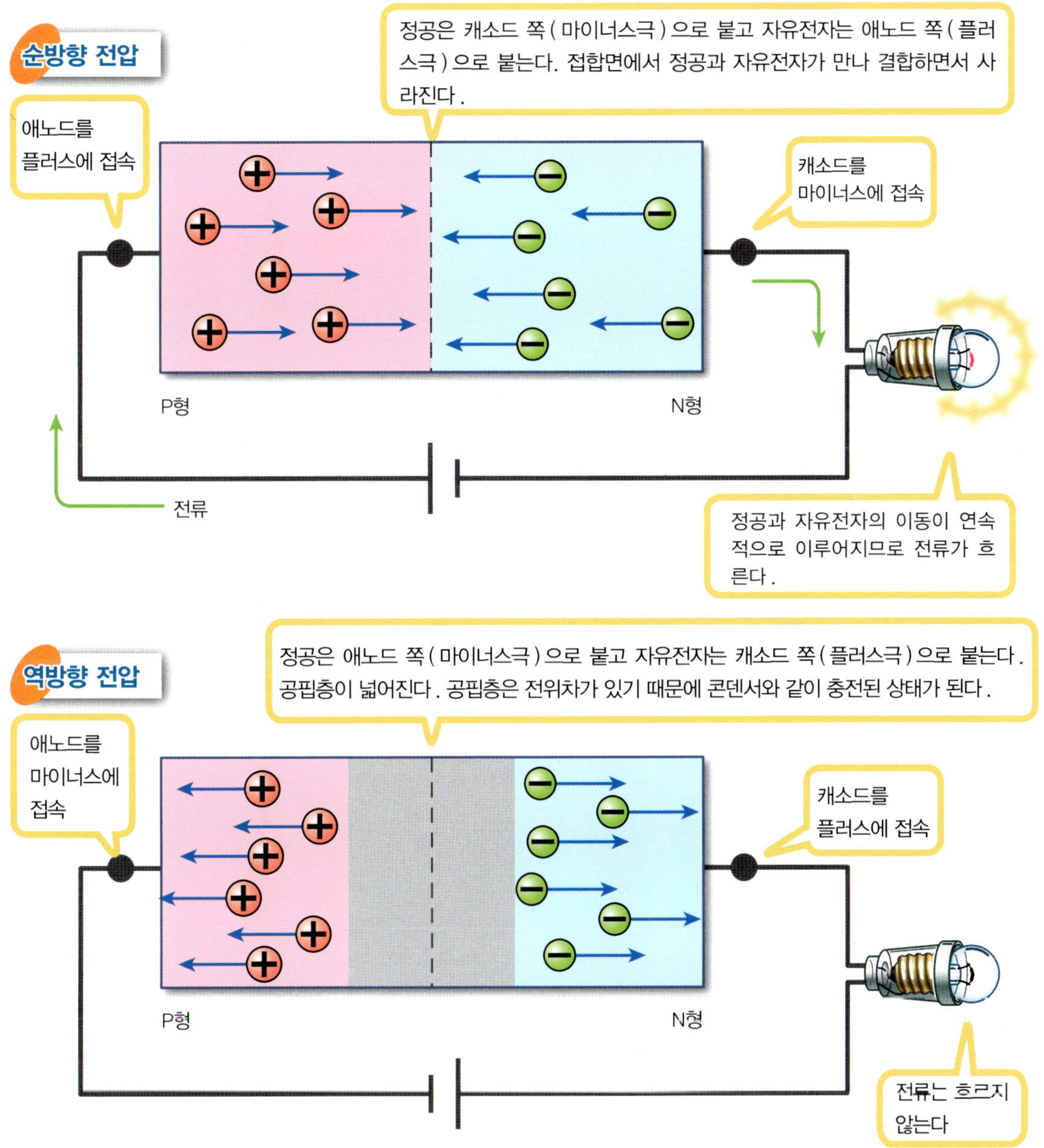

정류 회로와 평활 회로의 차이는?

반파 정류와 전파 정류

다이오드는 순방향으로 전류가 흐르고 역방향으로는 전류가 흐르지 않는다. 교류는 전압의 극이 주기적으로 변한다. 이 때문에 교류 전압을 다이오드에 가하면 다이오드는 교류의 플러스 부분에만 전류가 흐른다. 다이오드는 교류가 한 방향으로만 흐르므로 직류로 변환될 수 없다. 교류를 직류로 변환하는 것을 **정류(整流)**라고 하며, 그 회로를 **정류 회로**라고 한다.

1개의 다이오드에서 정현파 교류의 플러스 부분만을 통과시킴으로써 직류로 바꾸는 정류 회로를 **반파(半波) 정류**라고 한다. 반파 정류에서는 정현파 교류의 마이너스 부분은 버려지지만 4개의 다이오드를 접속한 브리지 회로의 경우 정현파 교류의 마이너스 부분도 끌어낼 수 있다. 이와 같은 정류 회로를 **전파(全波) 정류**라고 한다.

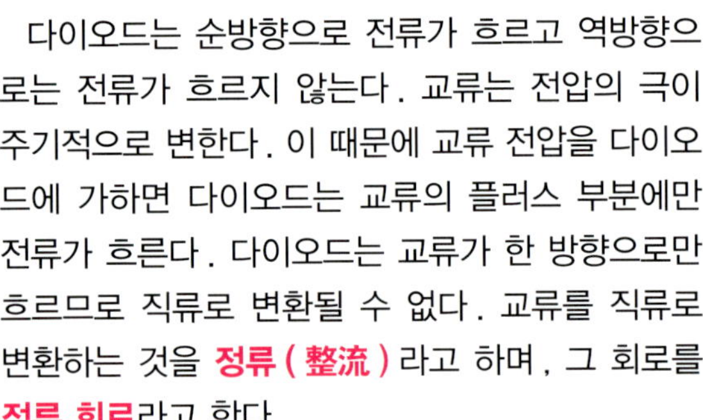

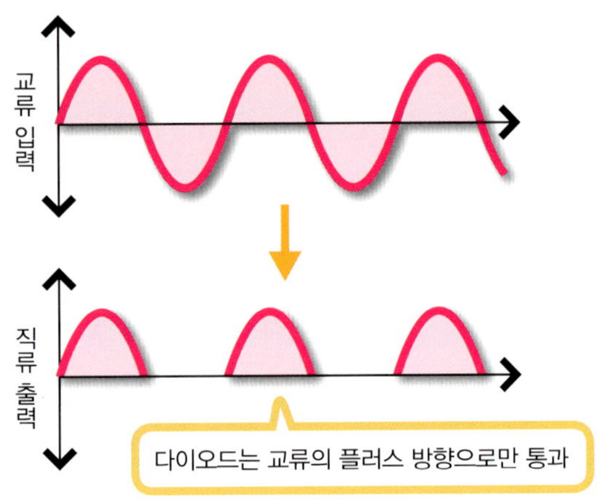

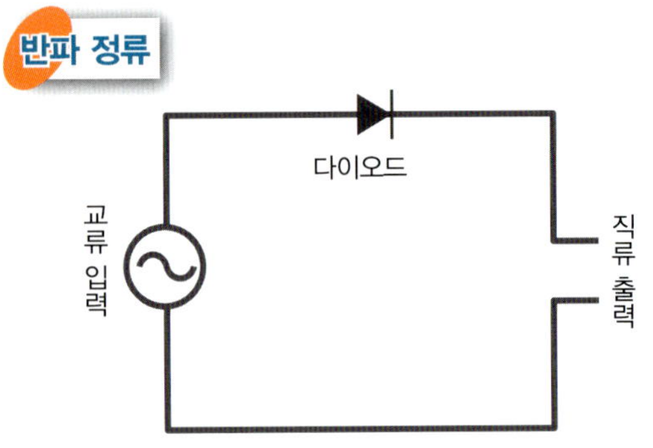

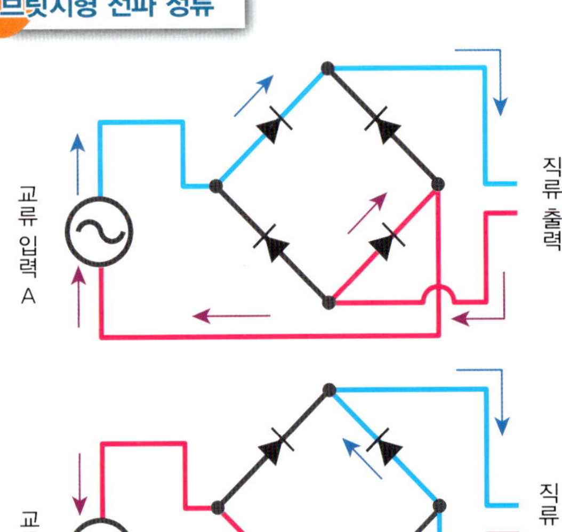

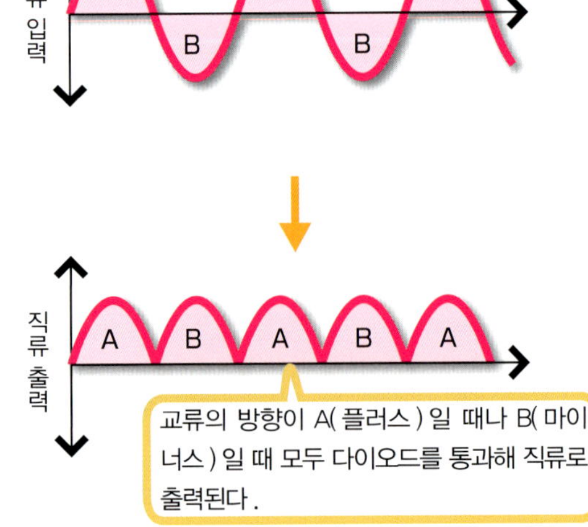

콘덴서에 의한 평활

다이오드는 교류를 직류로 변환해 전류의 방향을 일정하게 하지만 전압의 변화도 있다. 이와 같은 전류를 **맥류(脈流)**라고 한다. 전압이 일정하지 않기 때문에 직류 전원으로 사용할 수는 없다. 맥류를 직류에 가깝게 만드는 회로를 **평활(平滑) 회로**라고 한다. 평활 회로는 콘덴서를 이용한다. 이와 같이 사용되는 콘덴서를 **평활 콘덴서**라고 한다.

콘덴서는 저장되어 있는 전압보다 큰 전압이 가해지면 충전하고 반대로 충전되어 있는 전압보다 낮은 전압이 가해지면 방전한다. 반파 정류 파형의 정점을 지나가면 교류 전원의 전압은 작아진다. 이때 콘덴서는 방전을 시작한다. 콘덴서의 방전이 전원 전압의 감소를 보충하기 때문에 파형은 직선에 가까워진다.

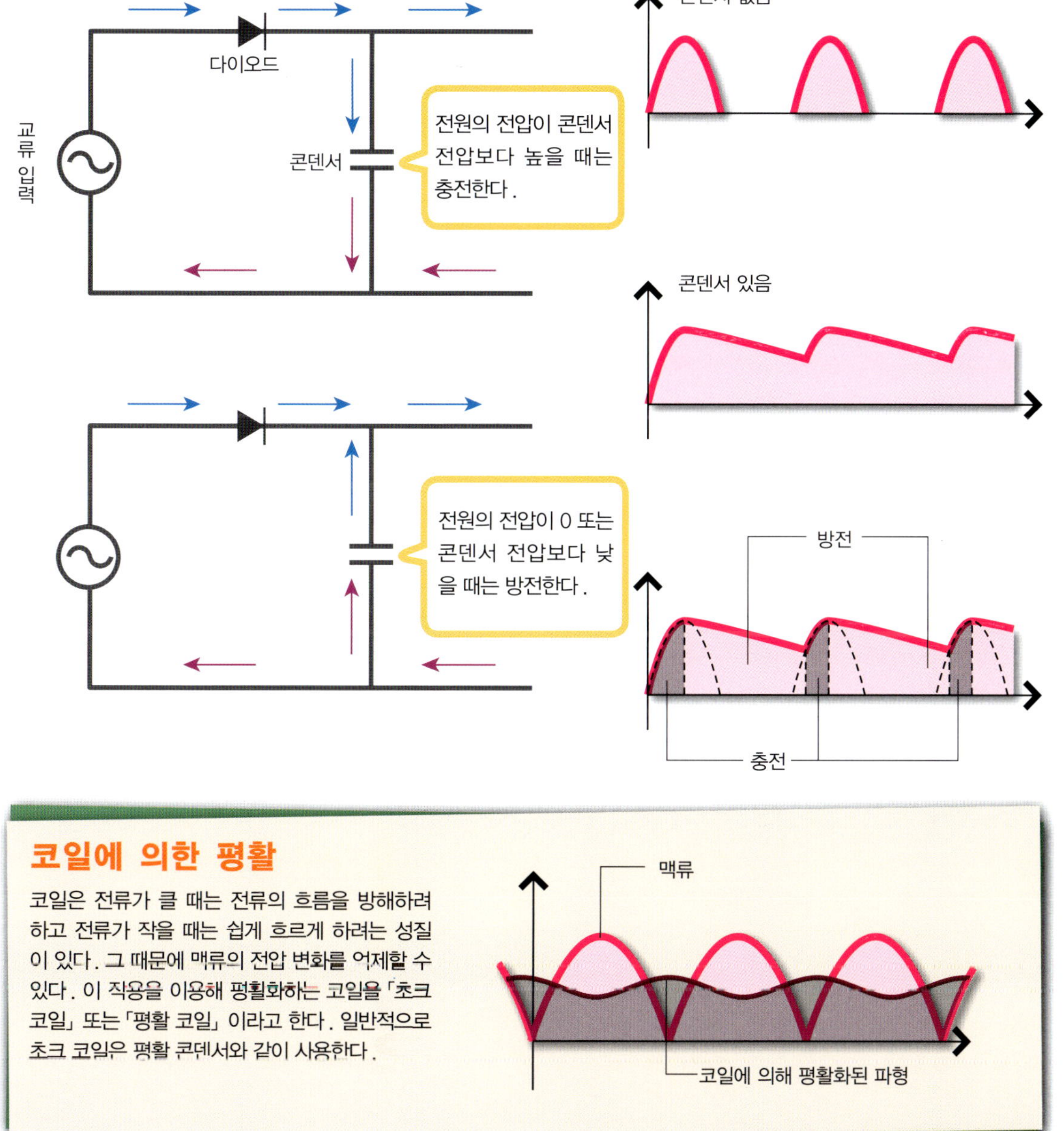

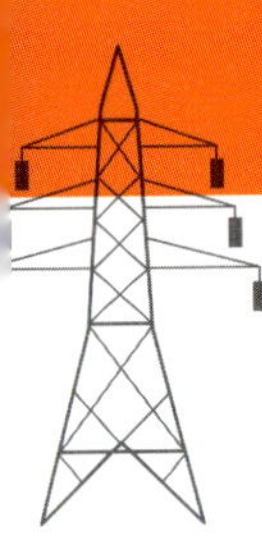

트랜지스터는 어떤 작용을 하는가?

트랜지스터는 전류의 증폭 작용과 스위칭 작용이 있다.

접합형 트랜지스터

스위치 작용이나 증폭 작용을 가진 반도체 소자를 **트랜지스터 (Transistor)** 라고 한다. 트랜지스터는 P형 반도체와 N형 반도체를 접합해 만든다. 바이폴러 (Bipolar) 형과 전계 (電界) 효과 형 (FET) 이 있으며, 바이폴러형은 자유전자와 정공 (홀) 이 캐리어가 되고 FET 는 자유전자와 정공 (홀) 어느 한쪽이 캐리어가 된다.

바이폴러형은 P형을 N형으로 끼운 NPN 형이 많이 사용된다. 양쪽의 반도체에 있는 전극을 이미터 (E), 컬렉터 (C) 라고 하며, 한 가운데 반도체에 있는 전극을 베이스 (B) 라고 한다. P 형과 N 형 접합부는 2 개가 있으며, 이미터와 컬렉터의 전극을 연결해도 중간에 역방향 전압이 있기 때문에 전류는 흐르지 않는다. 전원의 플러스극을 베이스에 연결하고 마이너스극을 이미터나 컬렉터에 연결하면 전류가 흐른다.

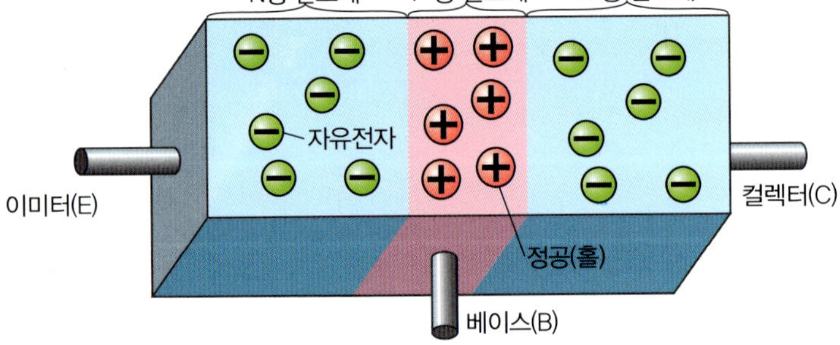

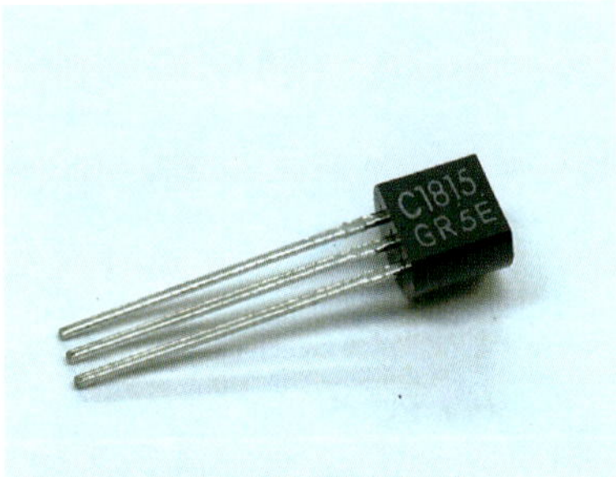

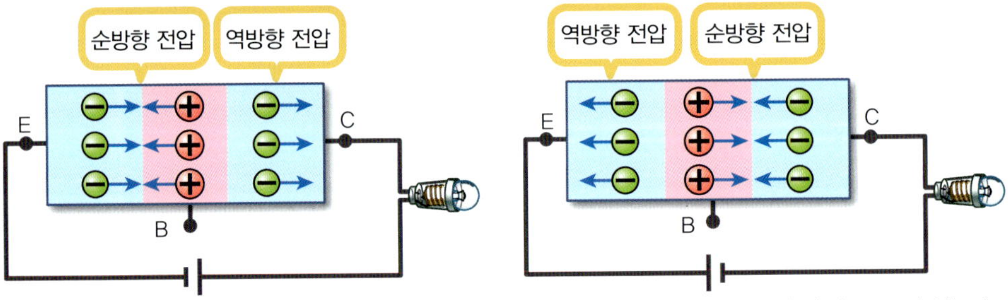

이미터, 컬렉터 사이에서는 중간에 역방향 전압이 생기기 때문에 전류는 흐르지 않는다.

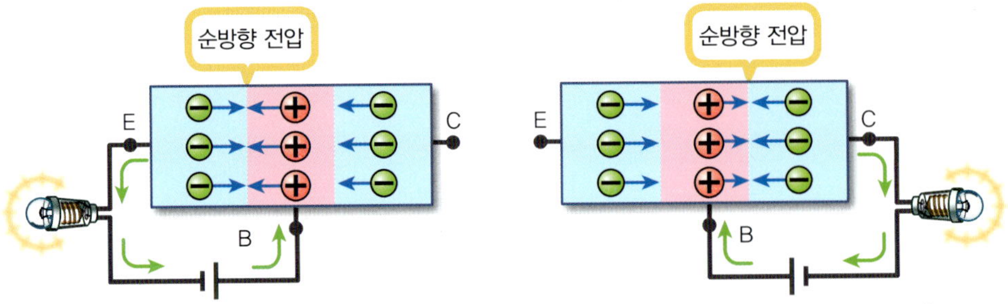

베이스에서 이미터, 컬렉터 쪽으로는 순방향 전압이기 때문에 전류가 흐른다(베이스를 마이너스극으로 연결했을 경우, 전류는 흐르지 않는다).

증폭 작용과 스위칭 작용

베이스와 이미터에 전압을 걸어 전류가 흐르고 있을 때 이미터와 컬렉터에 큰 전압을 걸면 이미터에서 베이스로 이동해있던 자유전자가 컬렉터로도 흘러간다. 이것은 베이스의 반도체가 매우 얇아 자유전자가 컬렉터에 이어진 플러스극으로 끌려가기 때문이다. 베이스로 흐르는 전류를 **베이스 전류**, 컬렉터에 흐르는 전류를 「컬렉터 전류」라고 한다.

베이스 전류를 크게 하면 컬렉터로 이동하는 자유전자도 많아지고, 컬렉터 전류는 베이스 전류의 수십, 수백 배가 된다. 이것을 트랜지스터의 **증폭(增幅) 작용**이라고 한다. 또한 베이스 전류를 온 / 오프 하면 컬렉터 전류도 온 / 오프 된다. 트랜지스터에는 **스위칭 작용**도 있다.

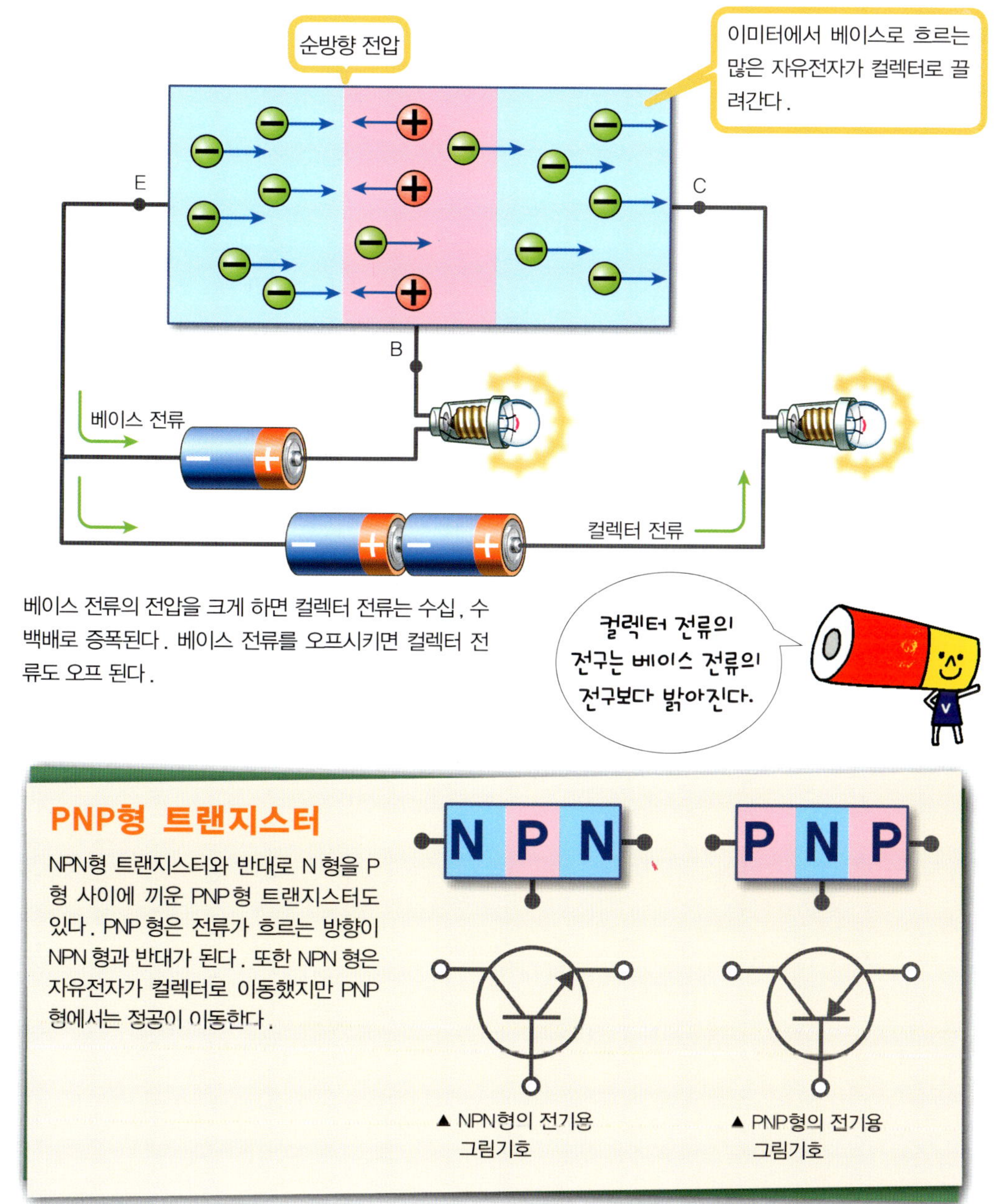

베이스 전류의 전압을 크게 하면 컬렉터 전류는 수십, 수백배로 증폭된다. 베이스 전류를 오프시키면 컬렉터 전류도 오프 된다.

PNP형 트랜지스터

NPN형 트랜지스터와 반대로 N형을 P형 사이에 끼운 PNP형 트랜지스터도 있다. PNP형은 전류가 흐르는 방향이 NPN형과 반대가 된다. 또한 NPN형은 자유전자가 컬렉터로 이동했지만 PNP형에서는 정공이 이동한다.

전계 효과 트랜지스터는 어떤 작용을 하는가?

전계 효과형(FET) 트랜지스터는 전압으로 전류를 제어한다.

전계 효과형 트랜지스터

전계 효과형 (FET) 트랜지스터는 자유전자와 정공 (홀) 2 가지 중 한 쪽을 캐리어로 삼는다. 유니폴라 (Unipolar; 단극) 트랜지스터라고도 한다. FET에는 접합형 FET와 MOS형 FET 가 있다.

접합형 FET 는 N형 반도체에 P형 반도체가 채워진 형태로 되어 있다 (N 형과 P 형이 반대인 것도 있다). N 형 양쪽에 소스 (S) 와 드레인 (D) 이라는 전극이 있으며 , P형에 게이트 (G) 라는 전극이 있다 . 소스와 드레인에 전압을 걸면 자유전자가 캐리어가 되면서 전류가 흐른다 . 이 전류가 지나는 길을 「채널」 이라고 한다 . 이때 게이트와 소스 사이에 역방향 전압을 걸면 , 공핍층이 넓어진다 . 그 때문에 채널이 좁아지고 소스와 드레인의 전류가 흐르기 어렵게 된다 .

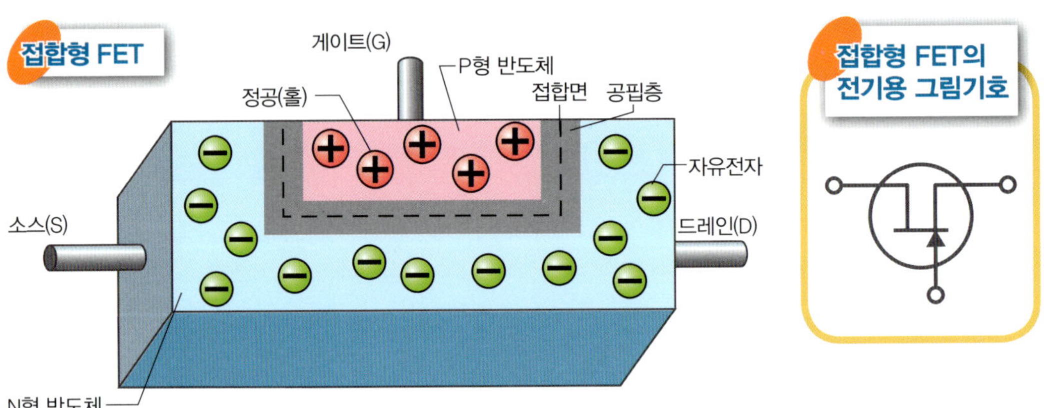

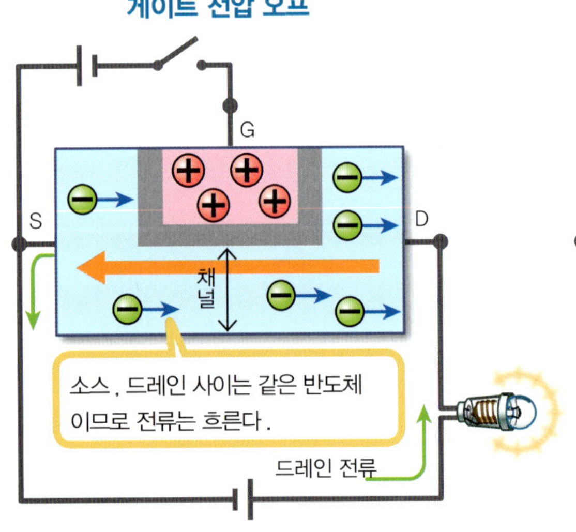

게이트 전압 오프 → 채널이 넓다 → 전류가 흐르기 쉽다.　　게이트 전압 온 → 채널이 좁다 → 전류가 흐르기 어렵다.

MOS형 FET

MOS형 FET는 2 개의 N형 반도체가 P형 반도체에 채워져 있다 (N형과 P형이 반대인 것도 있다). 반도체의 표면은 금속산화물의 절연체로 덮여 있으며 , 그 위에 전극의 게이트가 있다 . 소스와 드레인 2 개의 전극은 N형과 직접 접합되어 있지만 소스와 드레인에 전압을 걸더라도 P 형과 N 형의 접합부에 생긴 공핍층에 의해 전류는 흐르지 않는다 .

게이트를 플러스극에 연결해 전압을 걸면 절연체에서 정전 유도가 일어나 채널이 만들어진다 . 게이트 전압을 크게 하면 할수록 채널이 넓어져 소스와 드레인 사이를 흐르는 전류는 커진다 .

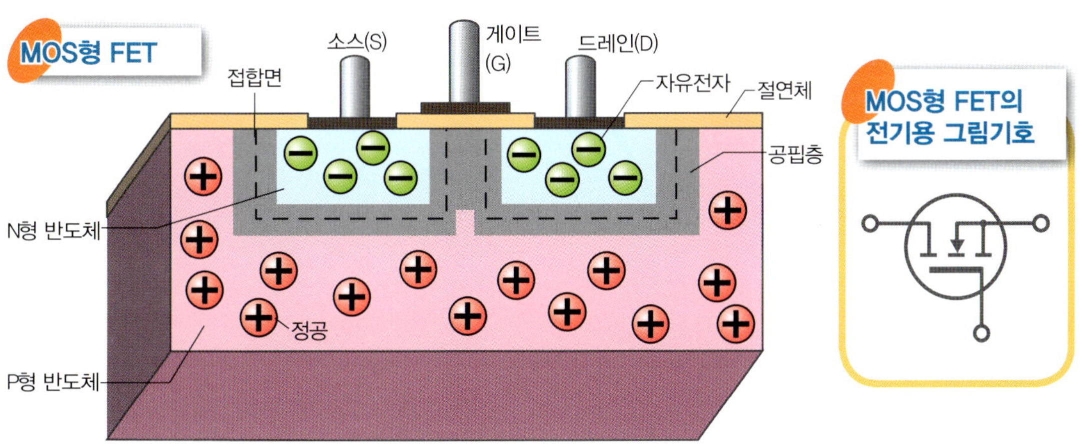

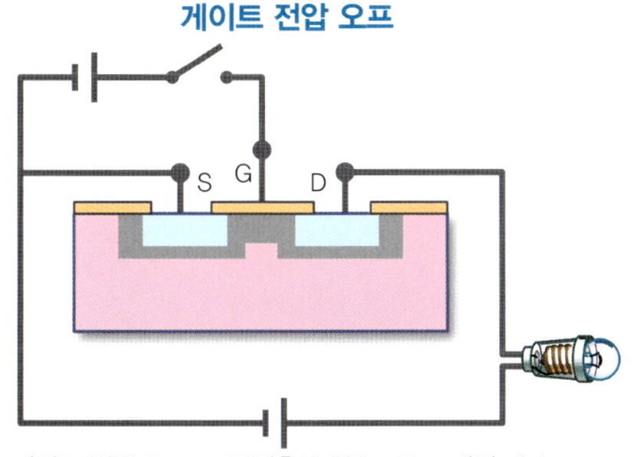

게이트 전압 오프 → 공핍층이 있으므로 드레인, 소스 사이에 전류가 흐르지 않는다.

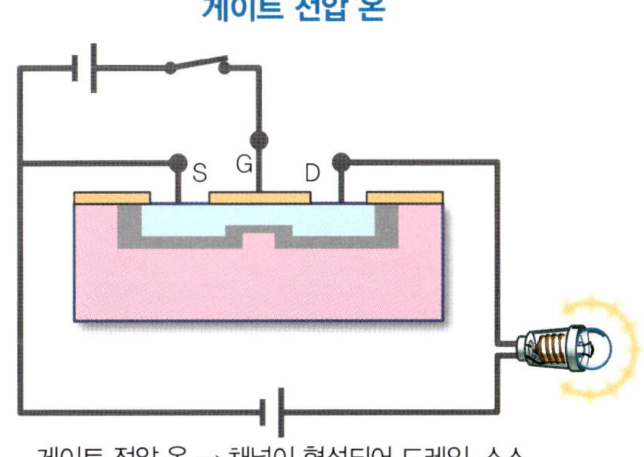

게이트 전압 온 → 채널이 형성되어 드레인, 소스 사이에 전류가 흐른다

게이트에 플러스 전압을 추가하면 공핍층에서 결합되어 있던 자유전자와 정공이 떨어지면서 자유전자는 게이트 전압에 모이고 정공은 P형 빈도체로 밀려긴다 . 그 결과 공핍층이었던 P 형 반도체는 N형 반도체처럼 되고 2 개의 N 형 반도체가 이어진나 . 이렇게 채닐이 형싱된다 .

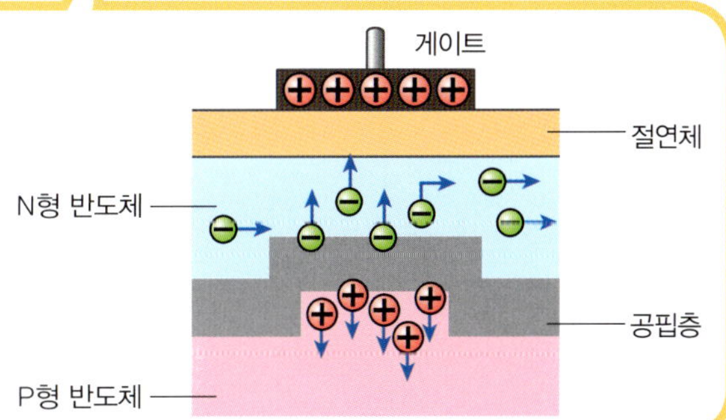

인버터는 왜 필요한가?

인버터는 직류를 교류로 바꿀 수 있다.

직류를 교류로 변환

인버터 (Invertor) 란 직류를 교류로 변환하는 장치다. 공장이나 가정에 공급되고 있는 교류를 주파수나 전압이 다른 교류로 변환하는 것은 간단하지 않다. 이 경우, 컨버터로 일단 교류를 직류로 변환한 후 원하는 주파수와 전압의 교류로 변환한다.

인버터의 구조는 물과 수도꼭지에 비유해 설명할 수 있다. 물이 전류이고 수도꼭지가 인버터에 해당한다. 한 쪽의 수도꼭지를 열었을 때 다른 한 쪽의 수도꼭지는 닫혀 있다면 여는 수도꼭지를 교대로 전환함으로써 물이 흘러나오는 방향을 바꿀 수 있다. 또한 수도꼭지를 여는 시간에 의해 흘러나오는 물의 양을 조절할 수 있다.

인버터는 스위치를 사용해 수도꼭지를 열고 잠그는 것처럼 전류의 방향을 바꿈으로써 직류를 교류로 변환한다.

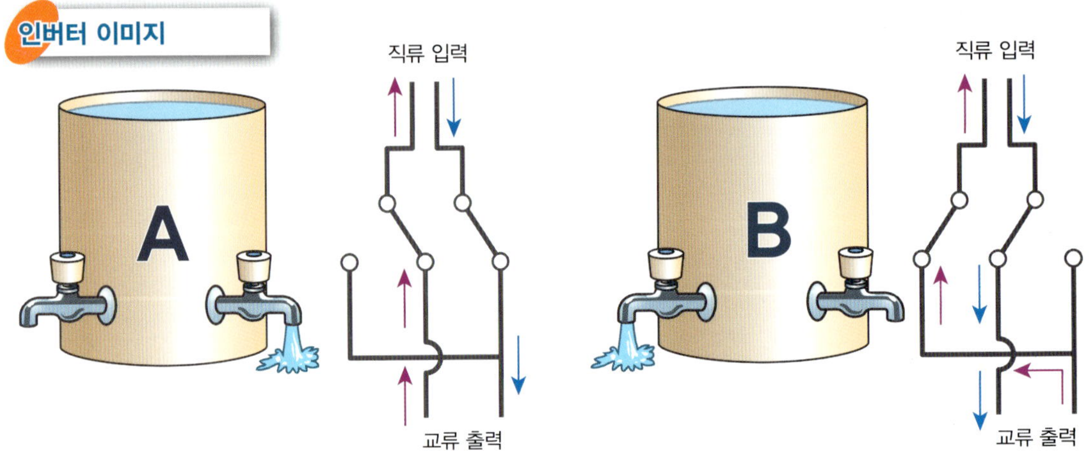

물을 전류라고 가정하면 인버터의 스위치는 수도꼭지와 같다.
수도꼭지(스위치)로 물(전류)의 방향을 바꾼다.
직류 입력은 A나 B 모두 방향은 같지만 교류 출력은 A와 B의 방향이 서로 다르다.

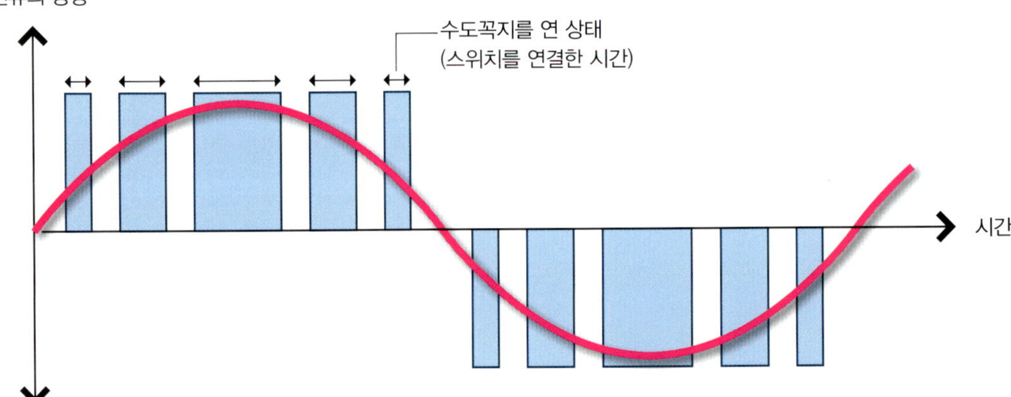

수도꼭지를 오래 열어 놓으면 그만큼 많은 물이 흘러나오는 것처럼 스위치를 오래 연결하면 많은 전류가 흐른다.

펄스폭 변조방식(PWM)

스위칭 작용이 있는 반도체 소자를 2개를 한 세트로 브리지형 회로로 배치하면 인버터가 된다. 2 개 1 세트인 스위치를 교대로 온 / 오프시키면 직류를 교류로 변환된다. 플러스로 출력하는 스위치 시간을 길게 하고 마이너스로 출력하는 스위치 시간을 짧게 하면 플러스 쪽 전압이 높아진다. 반대로 마이너스로 출력하는 스위치 시간을 길게 하고 플러스로 출력하는 스위치 시간을 짧게 하면 마이너스쪽 전압이 높아진다. 또한 전류가 흐르는 전체 시간을 길게 하면 주파수는 커지고 짧게 하면 작아진다.

이와 같이 스위치의 온 / 오프 시간을 조정함으로써 출력되는 교류를 조정하는 방식을 **펄스폭 변조방식 (PWM)** 이라고 한다. 스위치에는 트랜지스터나 사이리스터가 이용된다.

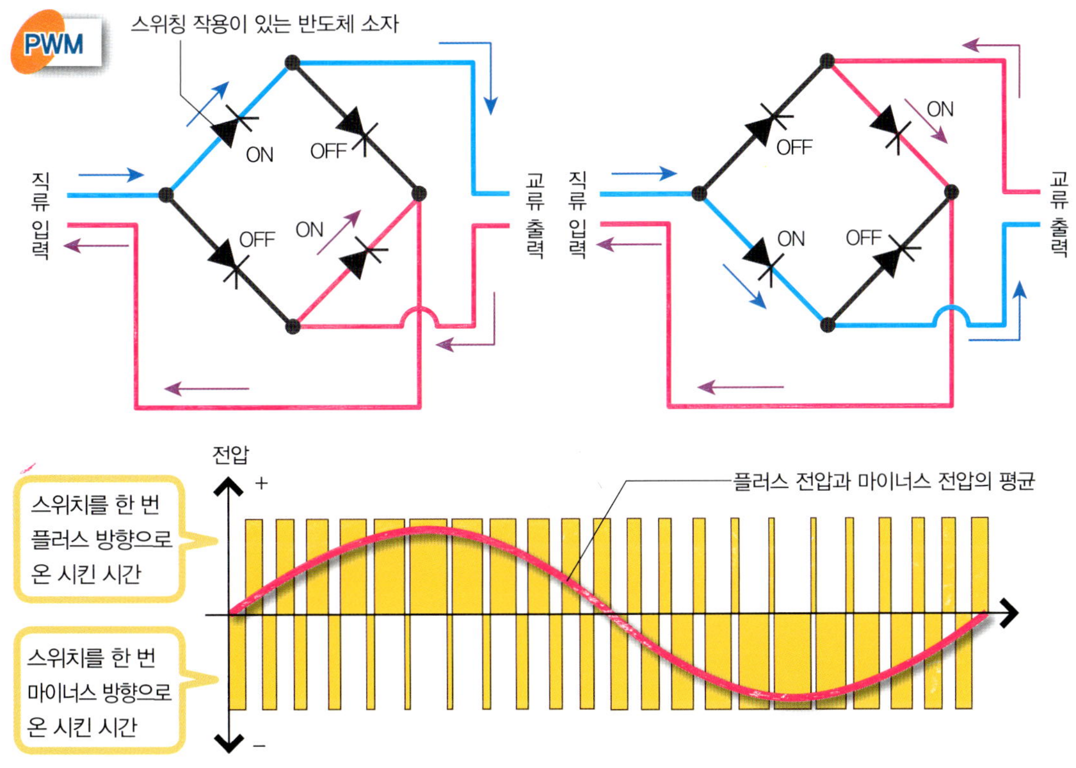

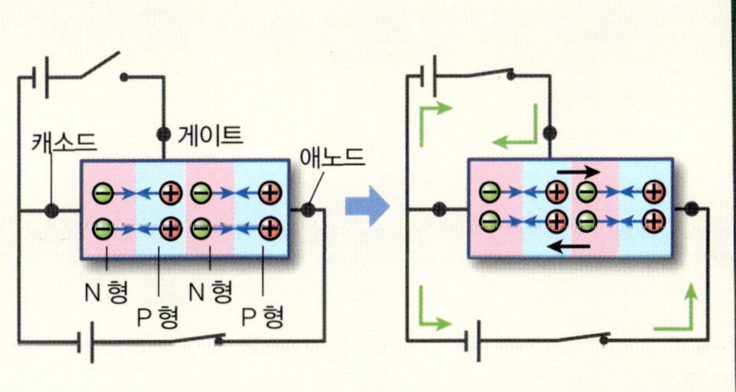

사이리스터의 스위칭 작용

사이리스터는 N 형 반도체와 P 형 반도체를 교대로 접합한 반도체 소자로써 스위칭 작용이 있다. 전극에는 애노드와 캐소드, 게이트가 붙어 있다. 애노드와 캐소드에 전압을 걸어도 전류는 흐르지 않지만 게이트 전압을 추가함으로써 전류가 흐른다. 일단 전류가 흐르면 게이트 전압을 오프시켜도 전류는 계속 흐른다. 전류를 멈추게 하려면 애노드와 캐소드 사이의 전압을 0 으로 해야 한다.

무엇이 3상 교류인가?

단상 교류와 삼상 교류

단상 교류란 가정에서 사용되는 교류이다. 3개 단상 교류의 위상을 $\frac{2\pi}{3}$[rad] 씩 어긋나게 겹쳐 놓은 것이 삼상 교류다. 3개의 단상 교류의 최댓값과 주파수는 동일하다.

삼상 교류는 송전(送電)에 이용된다. 삼상 교류는 각 상의 전압 합계가 0이 된다. 이 때문에 삼상 교류는 취급이 간단하다.

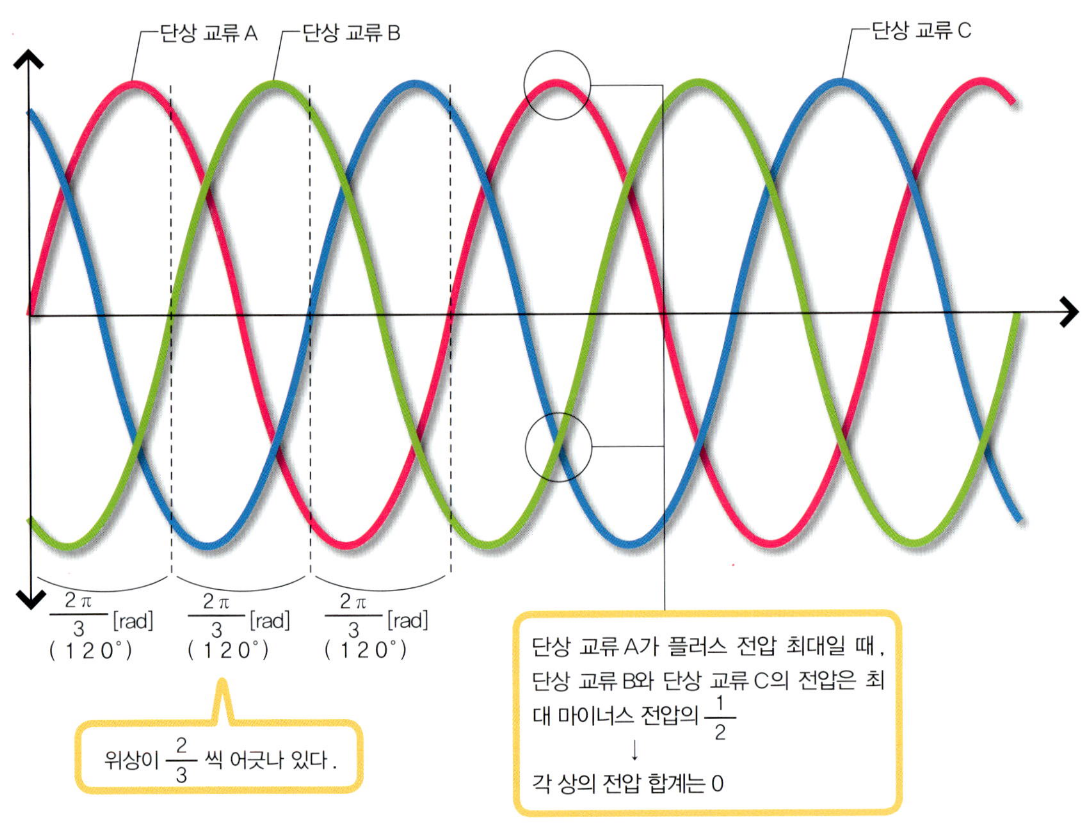

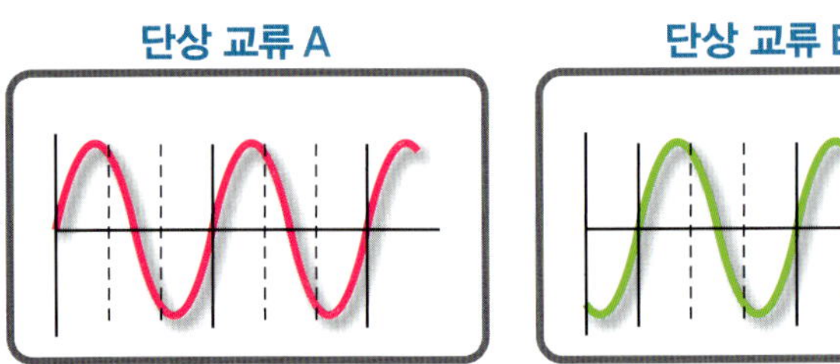

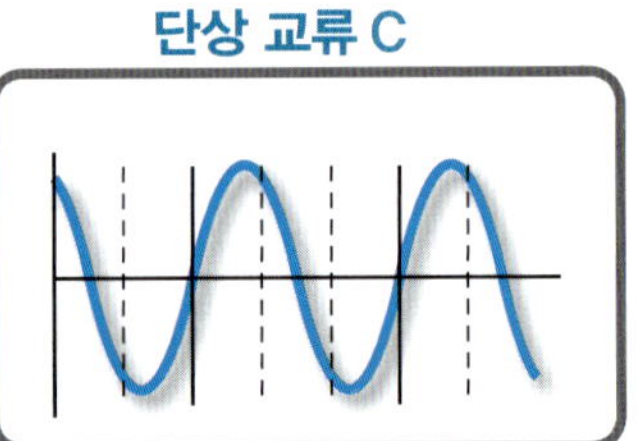

삼상 교류의 송전

1 개의 단상 교류를 전송하기 위해서는 왕복으로 2 개의 전선이 필요하다 . 3 개의 단상 교류를 단독으로 송전하기 위해서는 6 개의 전선이 필요하게 된다 . 그러나 단상 교류를 3 개씩 묶은 삼상 교류의 경우는 전선이 3 개만 있으면 된다 .

3 개의 단상 교류를 겹쳤을 때 , 전기 회로에서는 각 단상 교류가 가진 2 개의 전선중 1 개를 공유시킬 수 있다 . 그렇게 하면 필요한 전선은 4 개가 된다 .

나아가 3 개의 전선이 들어가는 전선 , 공유한 1 개의 전선을 나오는 전선이라고 생각하면 나오는 전선에 흐르는 전류의 전압은 3 상의 전압을 합계한 것이 된다 . 그러면 3 상의 전압 합계는 0 이기 때문에 여기에는 전류가 흐르지 않게 되면서 이 전선은 필요가 없어진다 . 이와 같이 삼상 교류는 전선 3 개로 송전할 수 있는 것이다 .

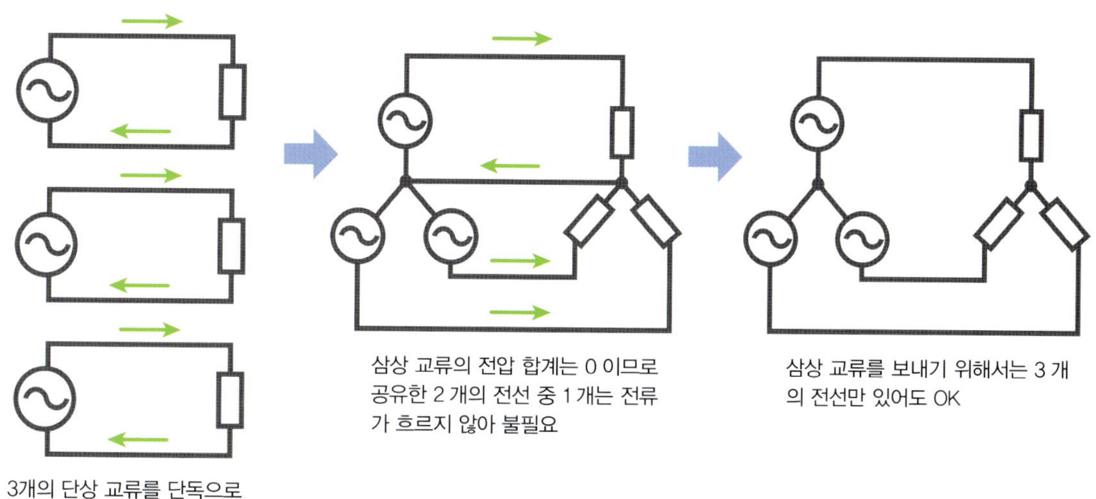

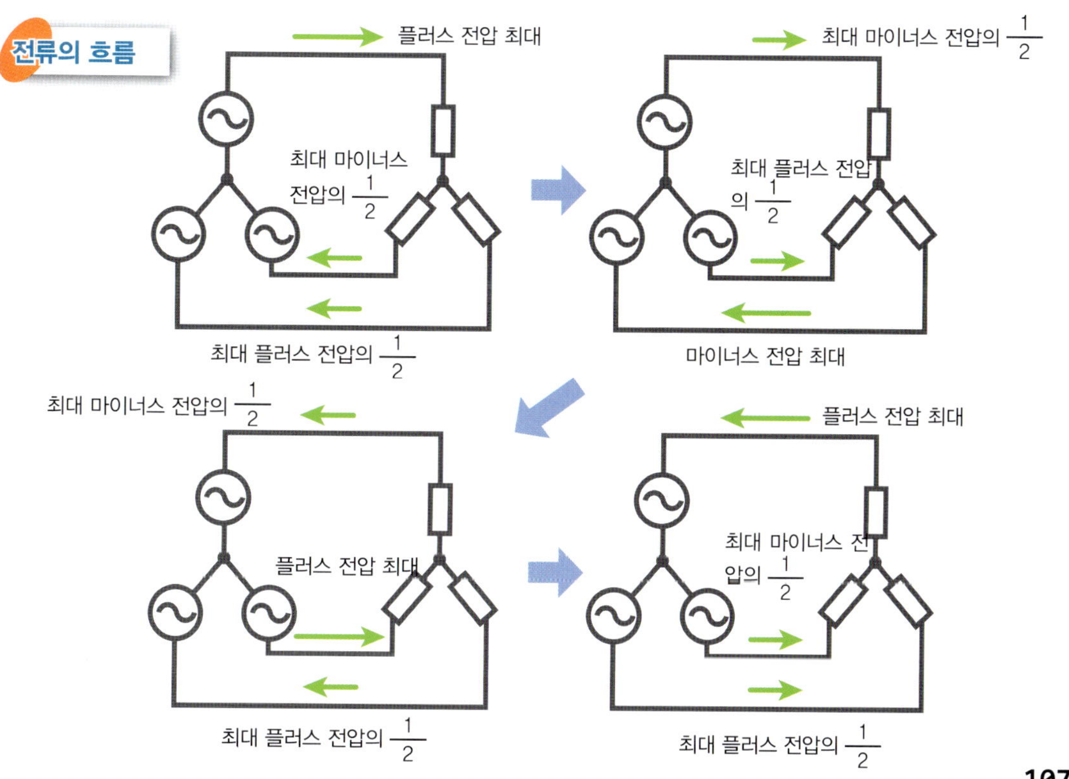

3상 교류 발전기와 변압기의 기능은?

삼상 교류는 삼상 교류 발전기에서 만들어지고, 트랜스에서 변압된 후 가정으로 보내진다.

삼상 교류 발전기

삼상 교류는 삼상 교류 발전기에서 만들어진다. 삼상 교류 발전기는 고정된 코일 안에서 자계를 만드는 자극(磁極)을 회전시킴으로써 전자 유도를 통해 전류를 만든다. 코일이 자기 작용을 통해 만드는 자속을 자극이 끊고 움직임으로써 각 코일에 기전력이 발생하는 것이다.

코일에 발생하는 기전력의 크기는 코일 자속의 세기와 회전하는 자극의 속도에 비례한다.

3쌍의 코일을 $\frac{2\pi}{3}$ 각도(120°)로 배치하면 위상이 $\frac{2\pi}{3}$ [rad]씩 어긋난 전압·전류·주파수가 동등한 삼상 교류를 이끌어낼 수 있다.

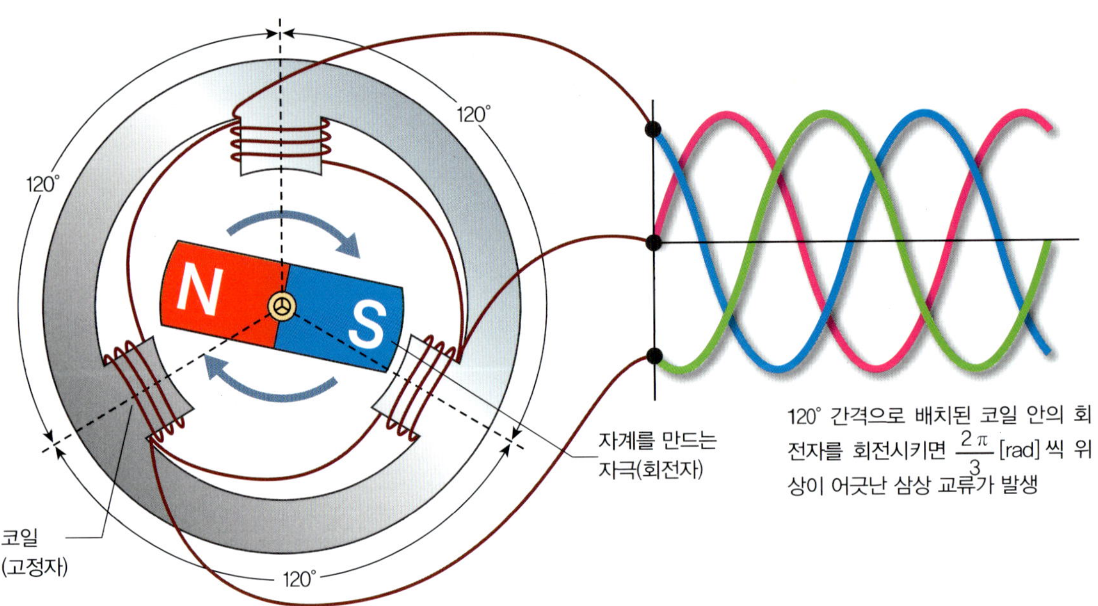

120° 간격으로 배치된 코일 안의 회전자를 회전시키면 $\frac{2\pi}{3}$ [rad]씩 위상이 어긋난 삼상 교류가 발생

▲삼상 교류 발전기의 회전자

▲삼상 교류 발전기의 고정자

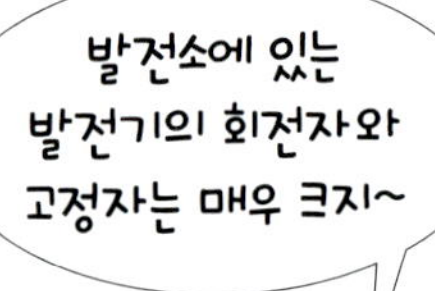

변압기에 의한 변압

발전소에서 만들어진 매우 높은 전압의 전력은 발전소에서 전압이 낮춰진 후 가정으로 보내진다. 교류 전압을 바꾸는 장치를 **변압기** 또는 **트랜스**라고 한다.

철심에 2 개의 코일을 감은 상태에서 한쪽 코일에 교류 전류를 흘려 보내면 철심에 주기적으로 크기와 방향이 변화하는 자계가 발생한다. 이 자계가 다른 한쪽의 코일을 통해 빠져나가면 전자 유도 작용에 의해 이 코일에도 유도 기전력이 발생해 유도 전류가 흐른다. 이와 같이 2 개의 코일 사이에서 전자 유도 작용이 일어나는 것을 **상호 유도**라고 한다.

2 개 코일의 권수 비율이 코일에 생기는 전압 비율이 된다. 예를 들어 코일의 권수를 200과 100으로 한 후 권수 200 인 코일에 전류를 흘려보내면 권수 100 인 코일에 발생하는 전압은 권수 200 인 코일의 $\frac{1}{2}$ 이 된다. 이 권수 비율을 이용해 변압기가 전압을 바꾸는 것이다.

전류가 흐르는 코일을 **1차 코일**, 전류를 추출하는 코일을 **2차 코일**이라고 한다.

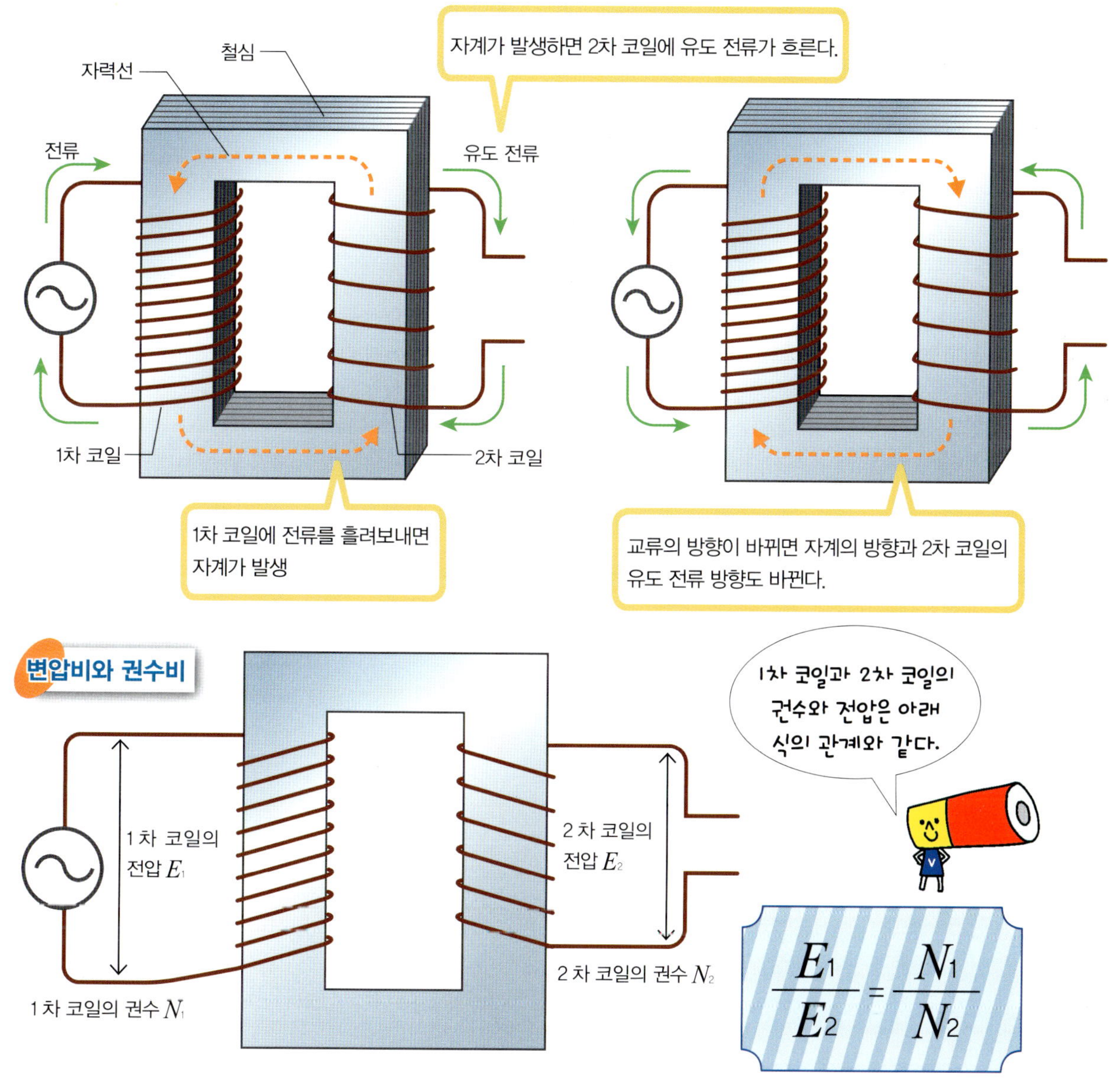

$$\frac{E_1}{E_2} = \frac{N_1}{N_2}$$

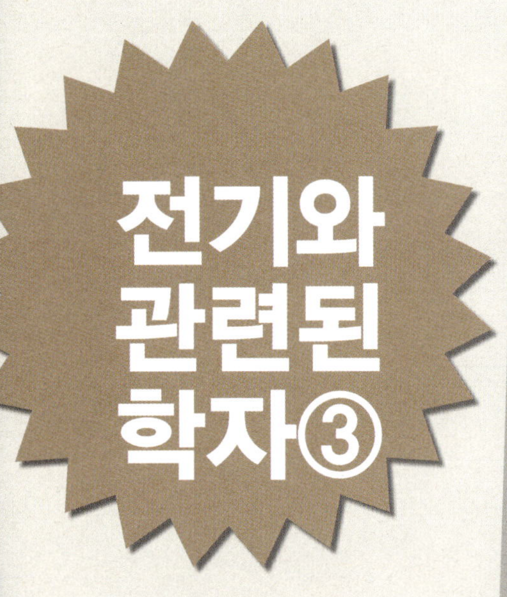

플레밍
(1849~1945)

영국의 물리학자 · 전기공학자. 영국 랭커스터에서 태어나 1885년 런던대학의 전기공학 교수에 임명되었다. 전기이론부터 응용실험에 이르기까지 힘을 쏟았고 미국 과학자 에디슨이 발견한 열전자방출 연구로부터 1904년 최초의 진공관인 정류기 기능을 가진 이극 진공관을 발명했다. 이 진공관을 이용한 수신장치는 안테나로 수신한 무선신호를 전압에서 전류의 강도로 변환해 재생했다. 또한 패러데이가 발견한 모터나 발전기의 기초인 전자 유도 법칙을 인간의 손으로 표현한 「플레밍의 오른손 법칙」과 「플레밍의 왼손 법칙」은 각국에서 교육용으로 사용되고 있다.
「무선신호의 원리」(1906), 「전기 50년」(1921) 등 수 많은 저작이 있다.

패러데이
(1791~1867)

영국의 물리학자 · 화학자. 전자유도, 전기 분해 법칙 및 전기와 자기의 기본적인 관계의 발견자. 영국 설리주의 가난한 대장간 아들로 태어나 1812년 왕립연구소의 화학자 데이비의 강연을 듣고 자청해 실험 조수가 되었다. 데이비 밑에서 다양한 연구 성과를 발표한 이후 1825년 왕립연구소의 실험 주임, 1833년 연구소 화학교수가 되었다.
업적은 전기 에너지를 기계 에너지로 변환하는 모터의 원리다. 또한 전자석의 자극 사이에서 도선의 코일을 회전시킴으로써 전류를 얻을 수 있는 발전기의 원리도 발견했다.
1861년 간행된 「양초의 과학」은 물리적 화학적 현상을 해설한 책으로 매우 유명하다.

키르히호프
(1824~1887)

러시아에서 태어난 물리학자. 독일 쾨니히스베르크대학에서 이론물리학을 배우며, 브레슬라우대학, 하이델베르크대학, 베를린대학에서 교수직을 역임했다. 전자파의 존재를 증명한 헤르츠는 키르히호프가 베를린대학에서 교수로 있을 때의 학생이다. 독일 화학자 분젠과 함께 화학 분석에 사용하는 분광기를 개발했고 1860년 원소인 세슘, 1861년 루비듐을 발견했다.
1849년 정리한 「키르히호프의 법칙」에는 전기 회로를 해석을 위한 전류의 법칙과 전압의 법칙이 있으며, 이것은 옴의 법칙과 함께 널리 알려져 있다.

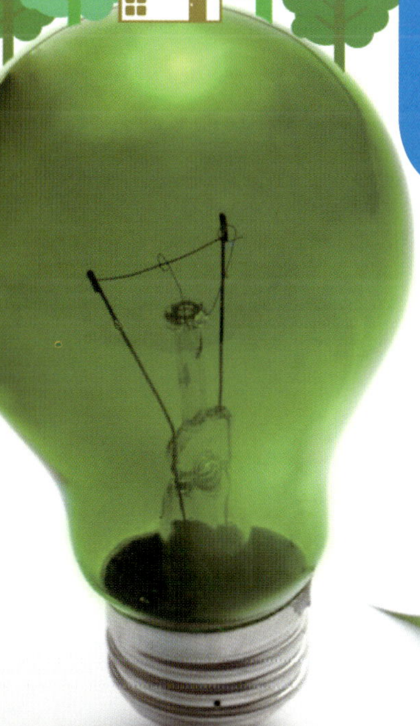

제 4 장
생활용품은
어떻게
작동하는가?
스토브, 형광등, 조리기 등 우리 주변의 많은 곳에서 전기를
사용하고 있다.
이 장에서는 구체적인 전기제품 등을 예로 들어 그것이 전기의
어떤 원리를 이용해 사용되고 있는지 살펴보겠다.
GoldenBell

전기 스토브와 백열전구의 작동 원리는?

전기기구는 전기 저항의 열과 발광을 이용하고 있다.

줄열을 이용한 전기 스토브

전기 스토브는 니크롬선 등과 같은 전열선(電熱線)의 전기 저항을 이용해 전기 에너지를 열에너지로 바꾸는 전열기구이다.

전기 스토브 안의 전열선에 전기를 통하면 전열선 안의 자유전자가 원자에 부딪치면서 원자가 심하게 진동한다. 이 진동 에너지가 발열로 이어진다. 이렇게 발열하는 현상을 줄열(Joule 熱)이라고 한다.

대부분의 전열선은 전기 저항을 크게 하기 위해 코일 형태로 감겨져 있다.

또한 전열선은 석영유리관이나 세라믹관 등과 같이 열에 강한 물질로 보호되어 있다. 석영유리나 세라믹은 고온으로 올라가면 적외선을 발산하기 때문에 발열효과도 높아진다.

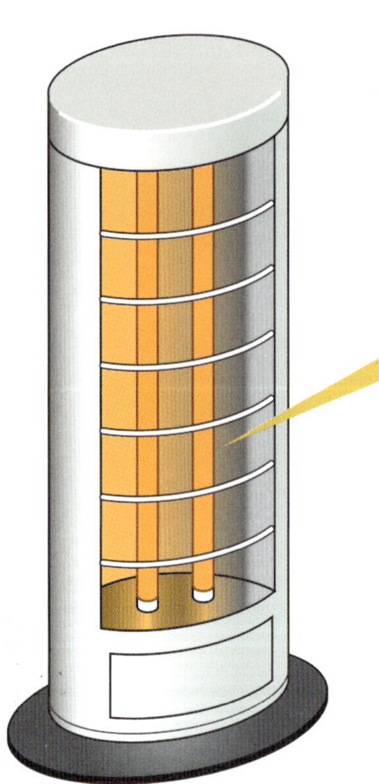

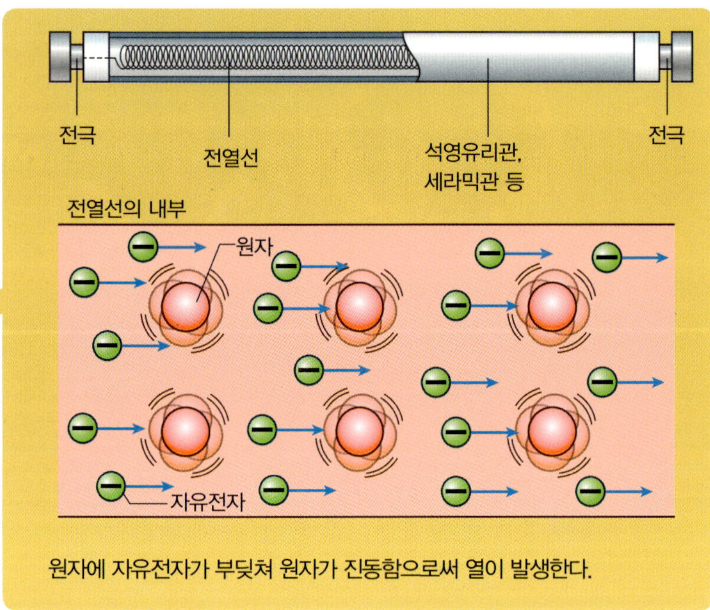

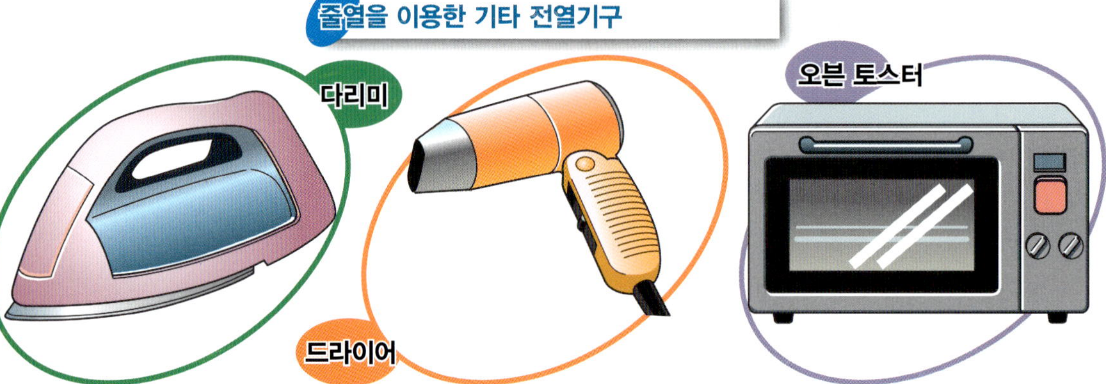

줄열의 열방사로 인해 발광하는 백열전구

백열전구는 주로 금속부품, 중심 전극과 유리구, 필라멘트와 그것을 연결하는 리드선으로 구성되어 있다. 중심 전극을 통해 들어간 전류는 리드선을 지나 필라멘트로 흐른다. 필라멘트에서는 전기 저항에 의해 전기 에너지가 열과 발광 에너지로 바뀐다. 필라멘트는 2,000~3,000℃ 정도의 고온으로 올라가 빛나게 되는데 유리구 안의 불활성 가스가 필라멘트의 열을 빼앗으므로 불타 끊기는 경우는 일어나지 않는다.

백열전구 중 하나인 할로겐 램프는 일반의 백열전구보다 밝은 전구이다. 유리구 안의 할로겐이 일으키는 할로겐 사이클을 이용하므로 필라멘트의 소모를 줄인다. 그 때문에 필라멘트를 더 높은 고온으로 올릴 수 있어 강한 빛을 낼 수 있다.

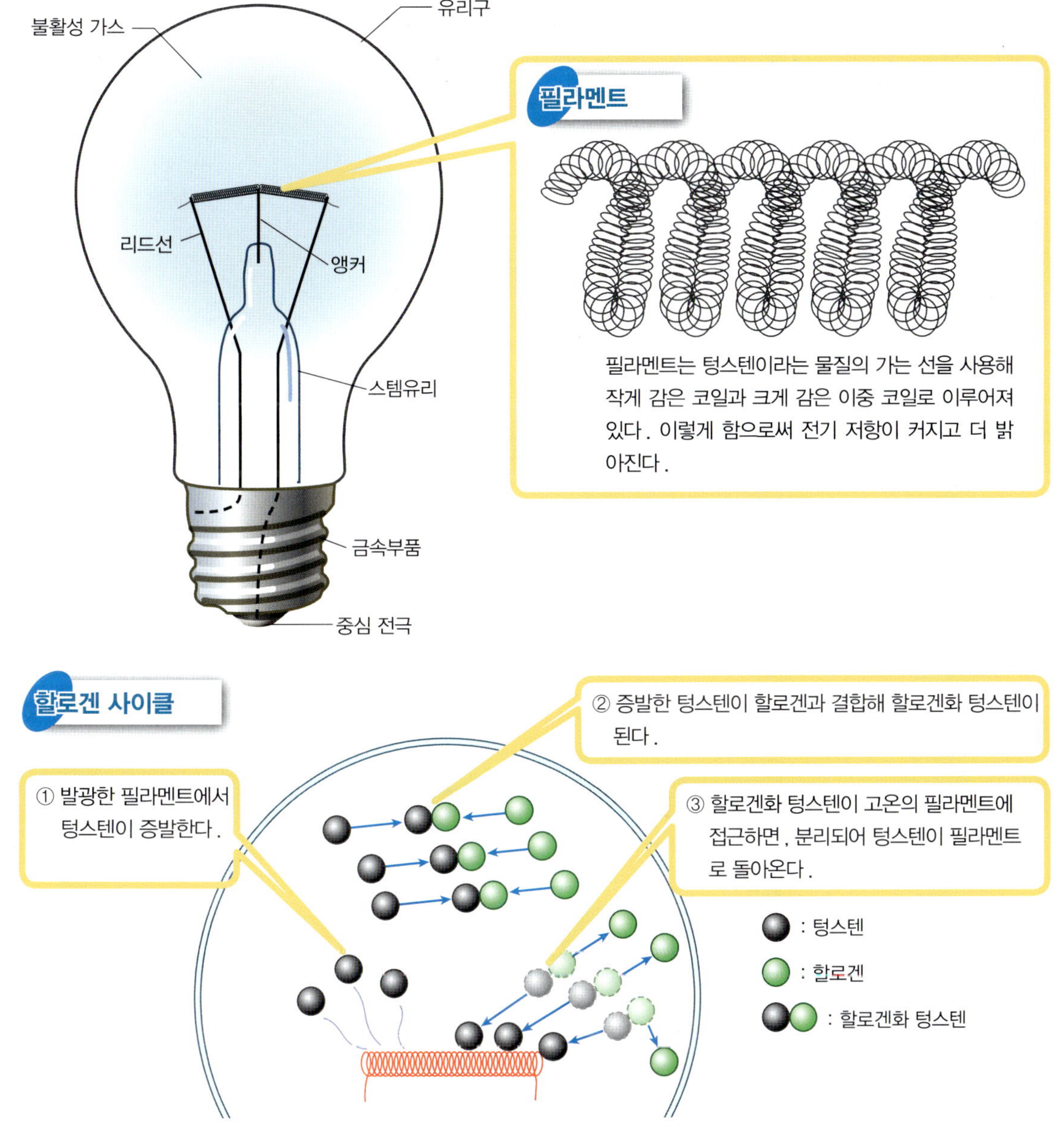

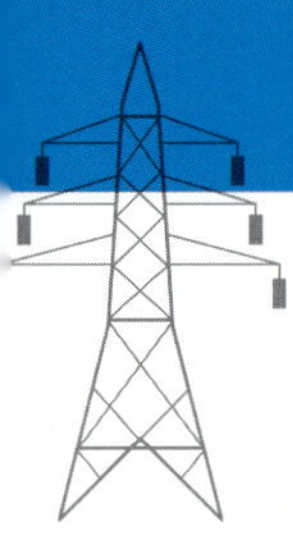

형광등·무전극 방전등·LED 조명의 원리는?

형광등은 방전, 무전극 방전등은 전자 유도 작용에 의해 발광한다. LED 조명은 반도체에 의해 발광한다.

방전 발광을 이용한 형광등

형광등은 기체의 방전을 이용해 발광(發光)한다. 형광관(螢光管)의 양극에는 4개의 단자가 있으며, 각각 2개의 단자는 필라멘트로 연결되어 있다. 필라멘트에는 전자를 쉽게 방출하는 이미터라는 물질이 발라져 있다. 형광관을 발광시키기 위해서는 2회 전류를 흘려보내야 한다. 1번 전류를 흘려 예열함으로써 전자를 방출하기 쉽게 만든다. 그 후 다시 강한 전압을 걸면 방전이 일어난다. 방전을 일으키기 위해 점등관이나 안정기 등이 사용되고 있다.

방전이 일어나면 필라멘트에서 열전자가 방출되어 형광관 안에서 이동한다. 열전자가 수은 원자에 부딪치면 수은 전자가 자외선을 발생시킨다. 자외선이 형광관에 칠해져 있는 형광체를 발광시킴으로써 형광등은 가시광선을 발산한다.

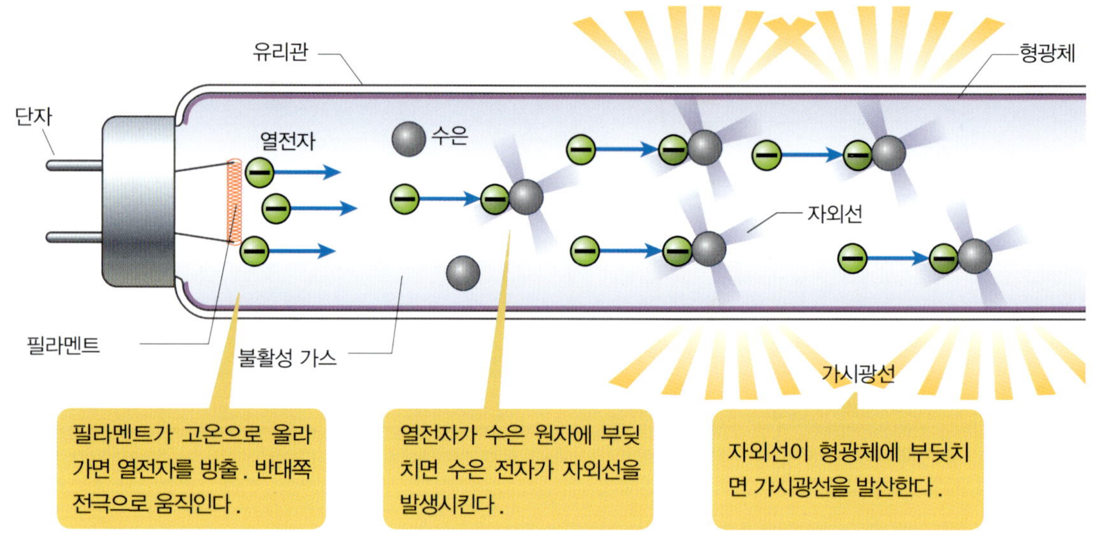

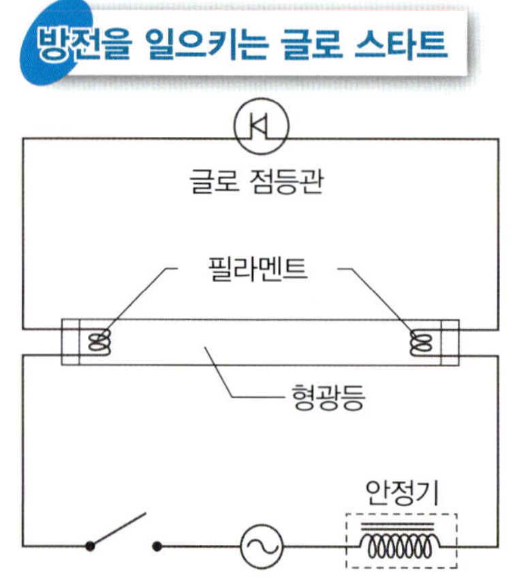

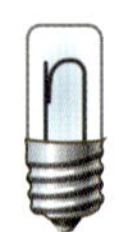

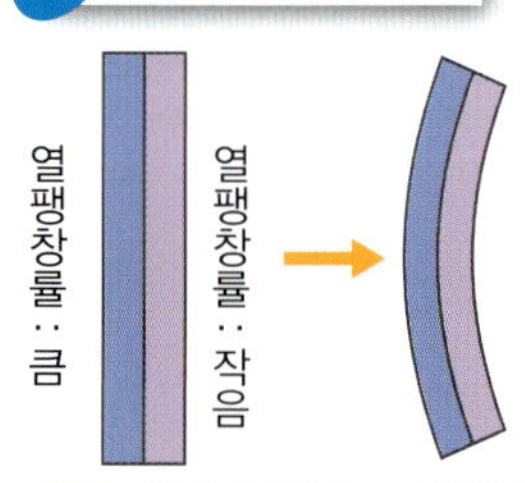

전자 유도 작용을 이용한 무전극 방전등

무전극 방전등의 코일에 교류 전류를 흘려보내면 자계가 발생한다. 그 자계(磁界)로 인해 발생한 전계(電界)의 전자가 심하게 요동치면서 유리구 안의 수은에 부딪쳐 자외선을 발산시키는 구조다.

형광등은 방전을 통해 전자를 이동시키지만 무전극 방전등은 전자 유도 작용을 통해 전자를 이동시킨다. 전자가 수은 원자에 부딪쳐 자외선을 발산하여 발광하는 원리는 똑같다.

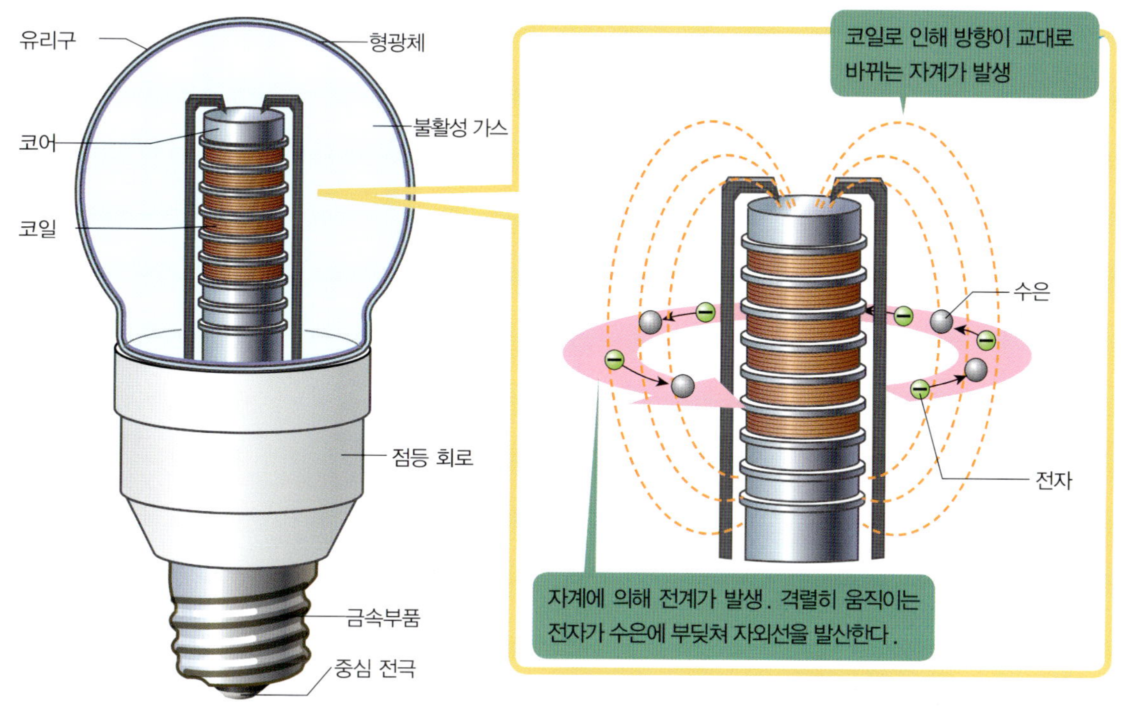

발광 다이오드의 구조와 LED 조명

발광 다이오드는 전기를 그대로 빛 에너지로 바꾸므로 다른 전등에 비해 효율이 좋고 오래 간다.

발광 다이오드는 플러스 전하가 캐리어가 되는 P형 반도체와 마이너스 전하가 캐리어가 되는 N형 반도체를 접합해 만든다. 발광 다이오드에 전류를 흘려보내면 플러스 전하와 마이너스 전하가 접합면까지 이동해 결합한다. 이렇게 결합할 때 방출되는 에너지로 발광한다.

발광 다이오드는 반도체 재료에 의해 발광하는 색조가 결정된다.

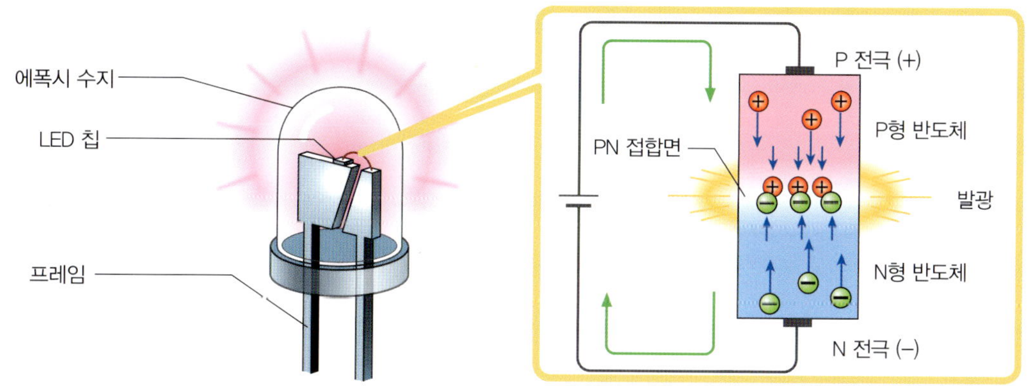

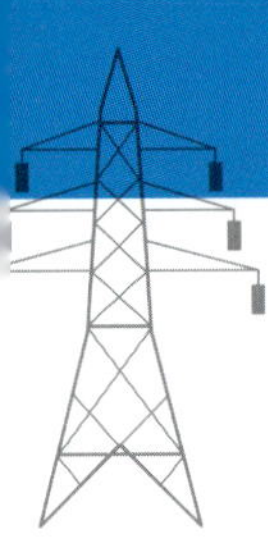

연료 전지와 광전지(태양 전지)의 원리는?

연료 전지는 화학반응 광전지는 반도체의 광전 효과를 통해 전기를 만든다.

이온화를 이용한 연료 전지

연료 전지는 수소를 연료로 삼아 전기 에너지를 만든다. 수소의 이온화를 이용하고 있다.

연료로 쓰이는 수소(H_2)는 마이너스극에 있는 촉매(화학반응을 촉진시키는 물질로 자신은 변화하지 않는다)의 작용으로 전자를 방출해 수소 이온(H^+)이 된다. 전자는 마이너스극에서 도체를 지나 플러스극으로 향한다. 즉, 전류가 흐르는 상태다.

전자를 잃은 수소는 수소 이온이 되며, 전해질을 통해 플러스극으로 향한다. 전해질은 이온만 통과하는특징이 있다.

플러스극 쪽에는 산소(O_2)가 있다. 수소 이온은 산소와 도체를 통과해 돌아온 전자와 반응해 물(H_2O)이 된 후 배출된다.

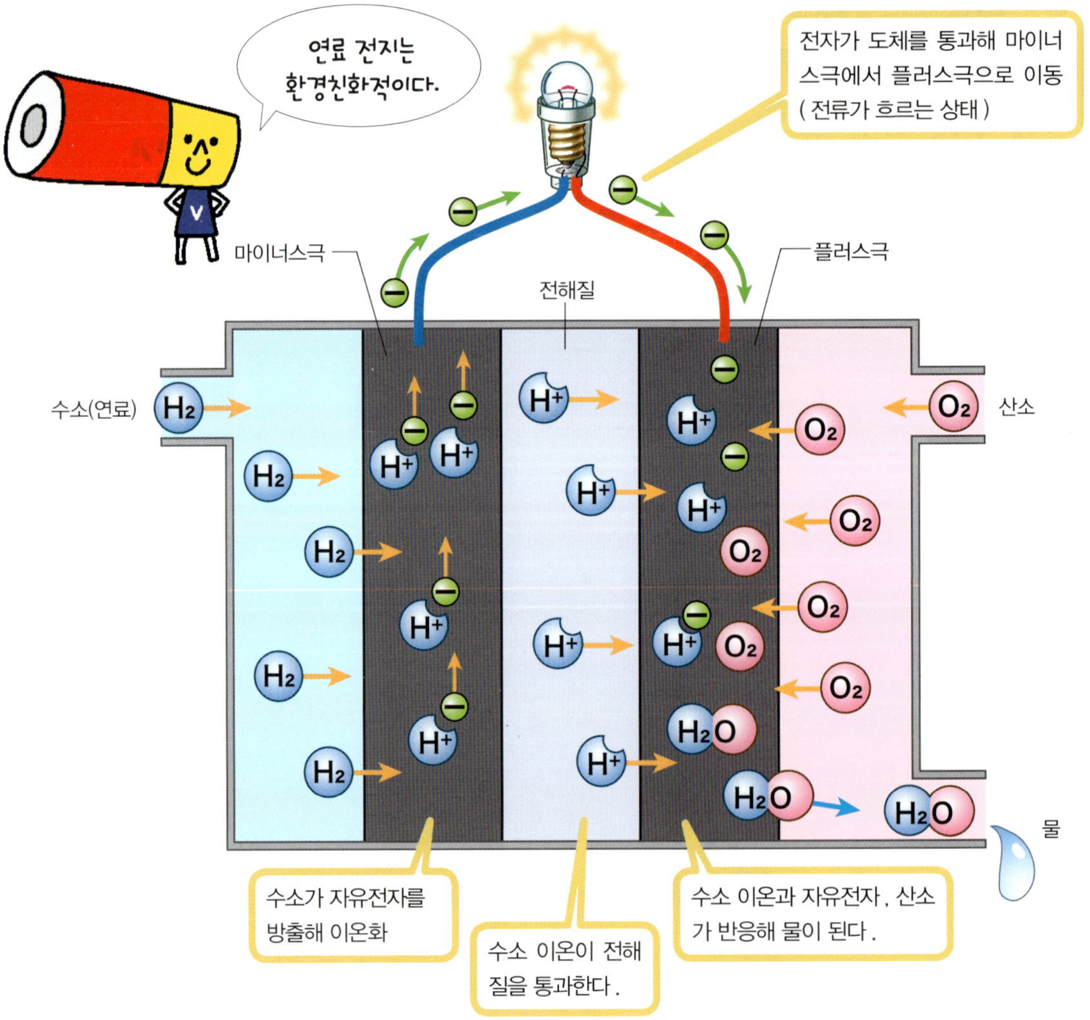

광전 효과를 이용한 광전지

광전지는 P형 반도체와 N형 반도체로 만들어져 있다. P형 반도체 안은 플러스 전하를 가진 정공(홀)과 마이너스 전하를 가진 억셉터가 결합해 있으며, 전기적으로 중성이다. N형 반도체 안은 플러스 전하를 가진 도너와 마이너스 전하를 가진 전자가 결합해 있으며, 전기적으로 중성이다. PN 접합부 근처에는 정공과 전자가 결합해 생긴 공핍층이 있다.

공핍층에 빛이 비치면 결합해있던 전자와 정공이 떨어지면서 전자는 플러스로 이온화된 도너에 끌려 N형 쪽으로 이동하고 정공은 마이너스로 이온화된 억셉터에 끌려 P형 쪽으로 이동한다. 그 결과 플러스극과 마이너스극 사이에 전위차가 생긴다.

물질에 빛이 비쳤을 때 전자가 생기는 것을 **광전 효과**라고 한다.

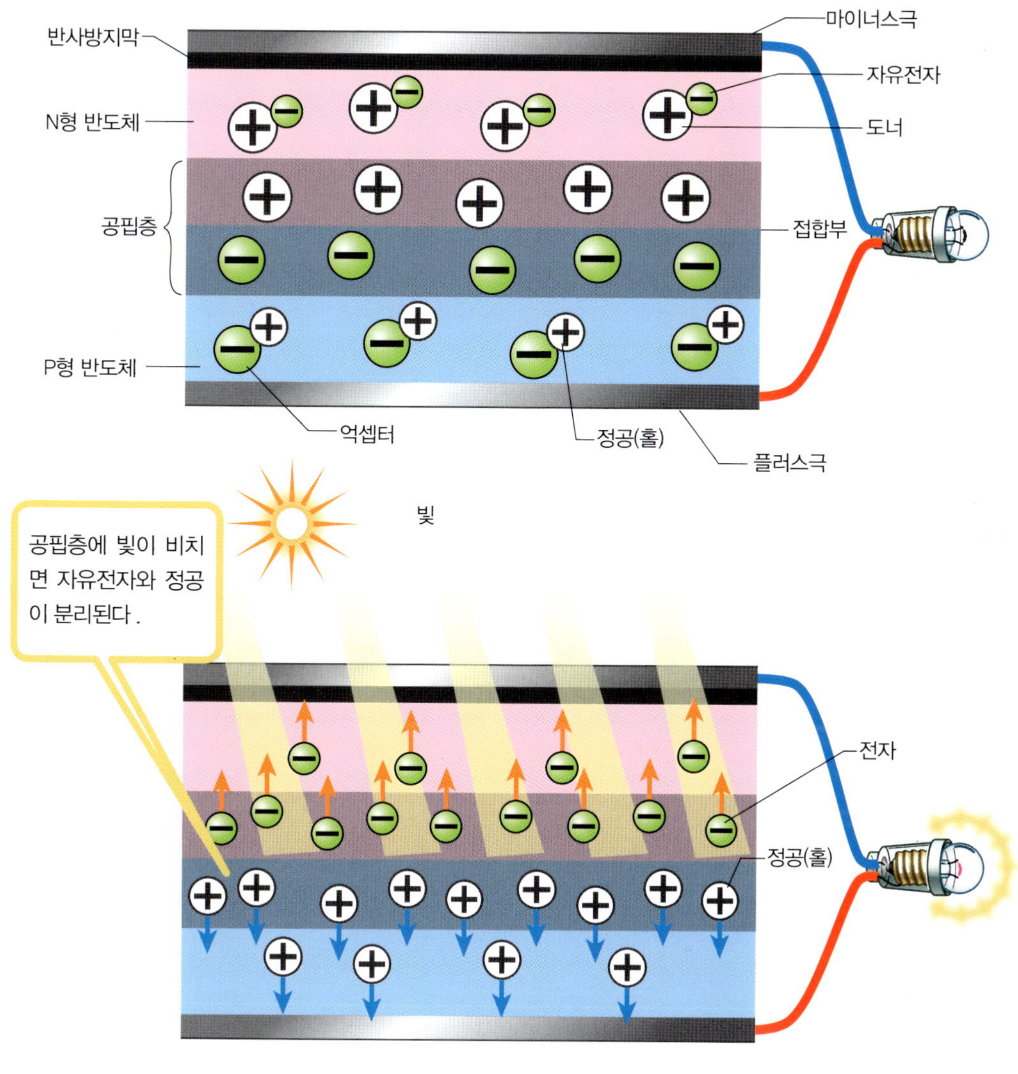

자유전자는 마이너스극, 정공(홀)은 플러스극으로 모이면서 전위차가 발생. 전류가 흐른다.

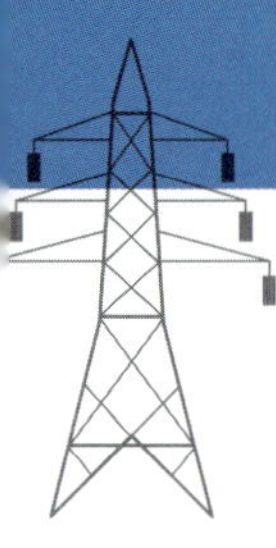

교류 모터의 종류와 회전의 원리는?

교류 전원에서는 고정자가 만드는 회전자계에 의해 모터가 회전한다.

동기 모터

단상 동기 모터는 회전자인 영구자석과 2조 이상의 고정자로 된 모터다. 예를 들어 고정자의 코일이 N극일 때 회전자 영구자석의 N극은 밀어낸다. 이 때 이웃한 고정자가 S극이라면 영구자석은 끌리면서 회전하는 힘을 발생한다.

교류 전류는 전류 방향이 정기적으로 바뀌므로 고정자의 전극도 정기적으로 바뀐다. 다만 다른 조합의 고정자에 똑같이 단상 교류를 흘리더라도 고정자의 자극(磁極)은 돌지 않는다. 그 때문에 진상(進相) 콘덴서를 사용해 다른 타이밍에서 각 조의 고정자에 전류가 흐르도록 조정한다.

3상 동기 모터는 삼상 교류를 사용한다. 삼상 교류는 위상이 120° 어긋나 있기 때문에 진상 콘덴서가 없더라도 다른 타이밍에서 고정자에 교류 전류를 흘려 보낼 수 있다.

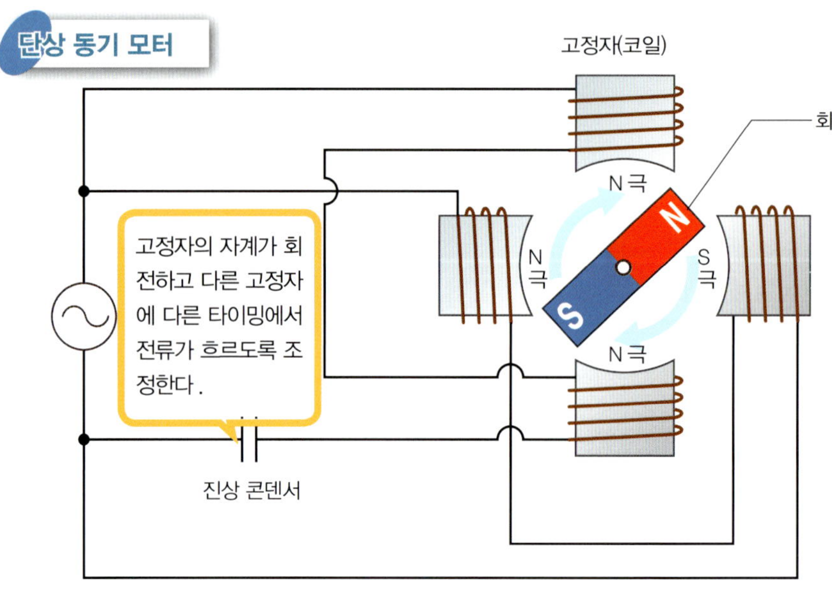

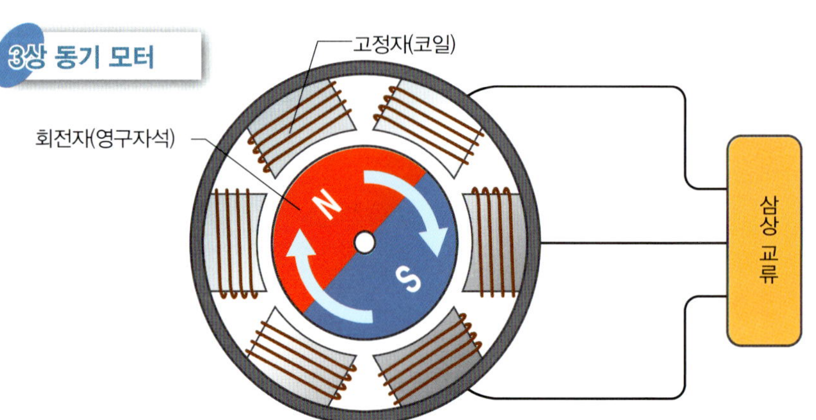

유도 모터

유도 (誘導) 모터는 영구자석도 , 강자성체도 아닌 도체를 회전자에 이용한다 . 교류 유도 모터는 '아라고의 원판' 이라는 실험을 응용하고 있다 .

아라고의 원판은 강자성체가 아닌 도체로 이루어진 원판에 U 자 자석을 통과시킨 상태로 U 자 자석을 원판의 테두리를 따라 이동시키면 원판도 같은 방향으로 회전한다는 것이다 . U 자 자석의 자계 변화로부터 전자 유도 작용을 통해 원판에는 맴돌이 전류가 발생한다 . 이 맴돌이 전류가 만드는 자계와 U 자 자석의 자계가 서로 영향을 미쳐 원판이 회전한다 .

삼상 유도 모터는 U 자 자석 대신에 삼상 교류와 연결된 고정자의 회전 자계가 회전자에 맴돌이 전류를 발생시킨다 .

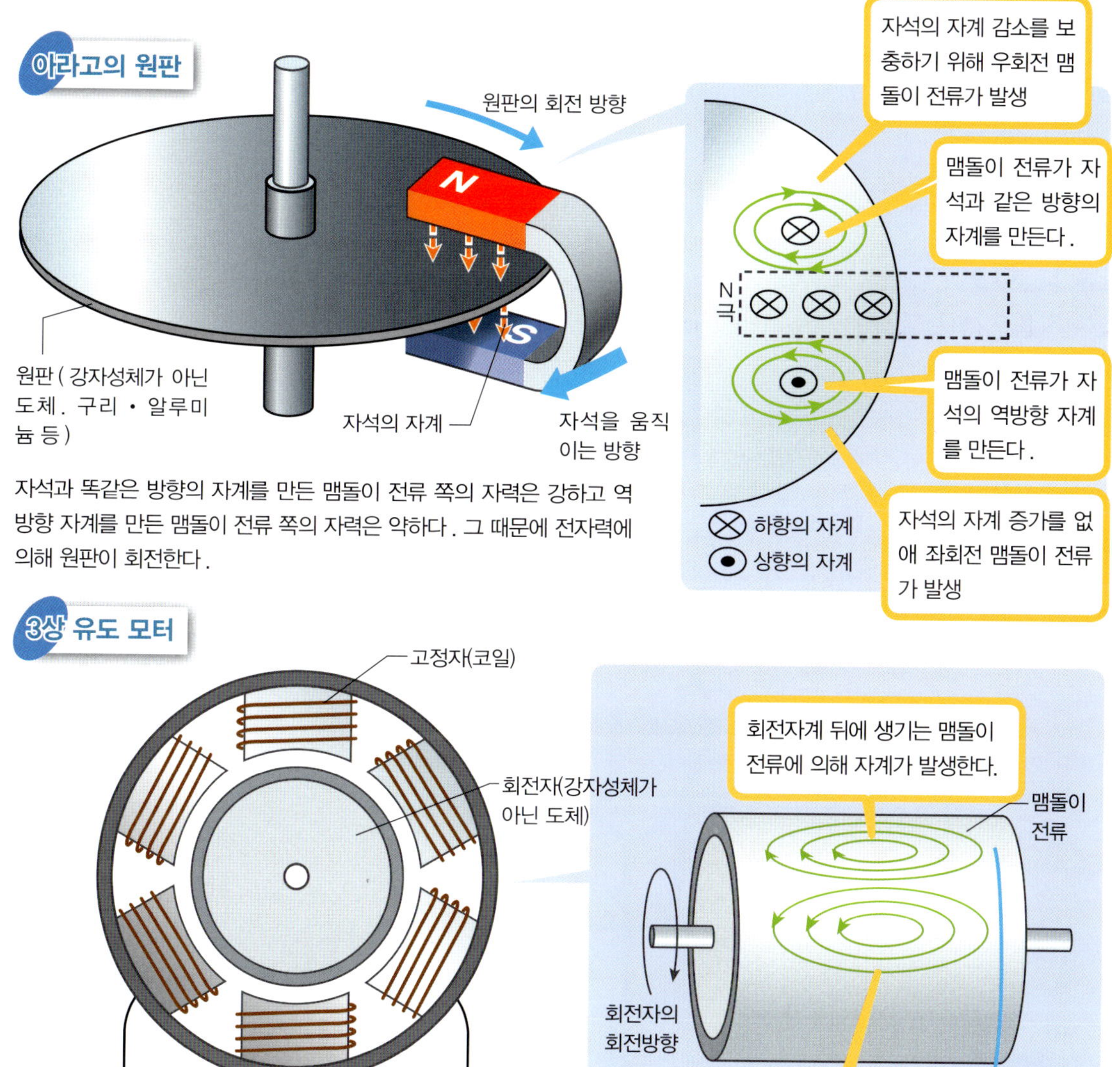

자석과 똑같은 방향의 자계를 만든 맴돌이 전류 쪽의 자력은 강하고 역방향 자계를 만든 맴돌이 전류 쪽의 자력은 약하다 . 그 때문에 전자력에 의해 원판이 회전한다 .

회전자에 발생하는 자계와 고정자의 회전자계가 전자력을 발생시킴으로써 회전자가 회전한다.

전자 조리기와 전자 레인지의 작동 원리는?

전자 조리기와 전자 레인지는 전자파를 사용한 가열 조리기다.

전자 유도 가열을 이용한 전자 조리기

전자 조리기는 손으로 만져도 전혀 뜨겁지 않으므로 냄비를 데울 수 있다. 이것은 전열선처럼 전류를 흘려보냄으로써 발생하는 줄열을 이용해 가열하는 것이 아니라 전자 유도 작용을 이용해 가열하기 때문이다.

전자 유도 작용은 자계를 발생시킨다. 발생한 자계는 냄비 자체에 맴돌이 전류를 발생시킨다. 맴돌이 전류가 흐르면 냄비 자체의 전기 저항으로 인해 줄열이 발생해 가열되는 것이다. 그러므로 전류가 흘러도 톱 플레이트는 열을 띠지 않지만 냄비를 놓으면 뜨거워지는 것이다 (냄비의 열이 전해지면 톱 플레이트는 뜨거워진다).

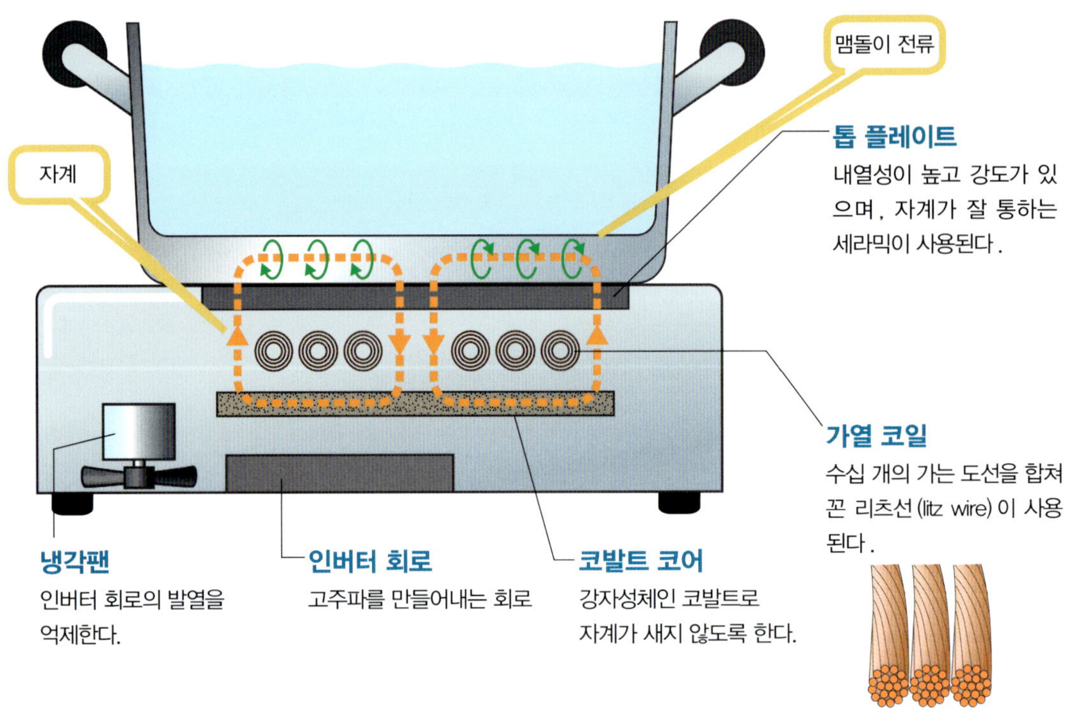

유전(誘電) 가열을 이용한 전자 레인지

전자 레인지는 2,450MHz 라고 하는 파장이 긴 전자파를 사용해 가열하는 조리기다. 이 전자파는 공기나 유리, 도자기 등의 부도체는 빠져나가고 금속 등의 도체에서는 반사된다. 또한 물에 닿으면 물 분자를 격렬히 흔들어 마찰시킨다. 이 마찰열로 인해 물이 열을 띠게 된다. 그 때문에 수분을 포함한 물질은 내부 구석구석까지 가열하게 된다.

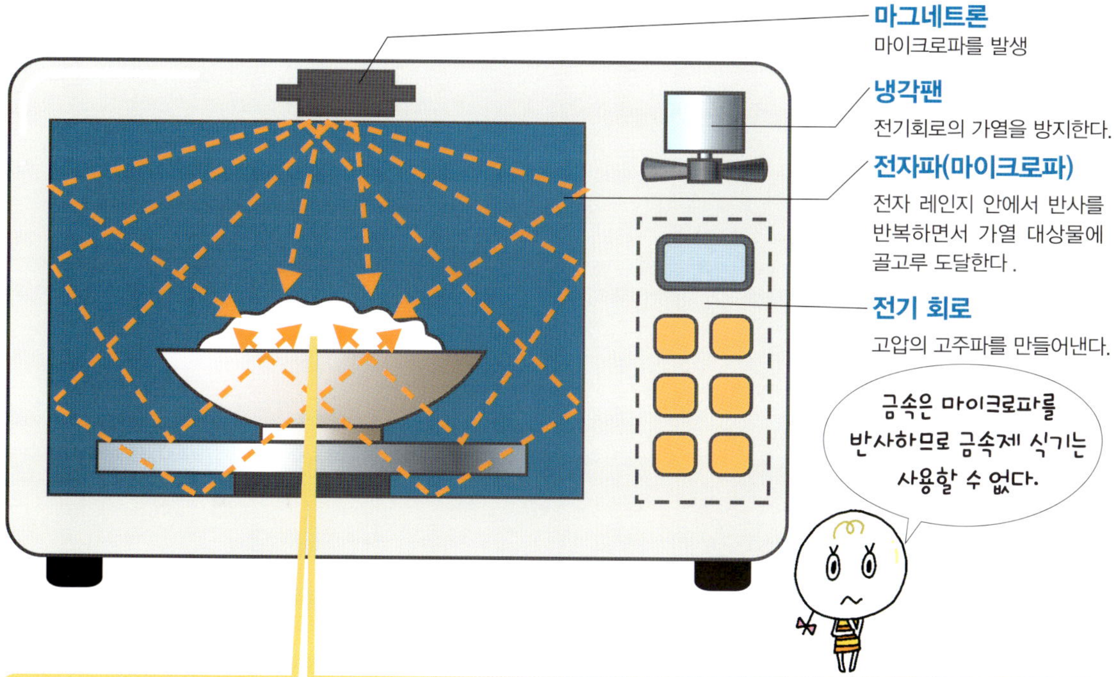

마그네트론
마이크로파를 발생
냉각팬
전기회로의 가열을 방지한다.
전자파(마이크로파)
전자 레인지 안에서 반사를 반복하면서 가열 대상물에 골고루 도달한다.
전기 회로
고압의 고주파를 만들어낸다.
금속은 마이크로파를 반사하므로 금속제 식기는 사용할 수 없다.

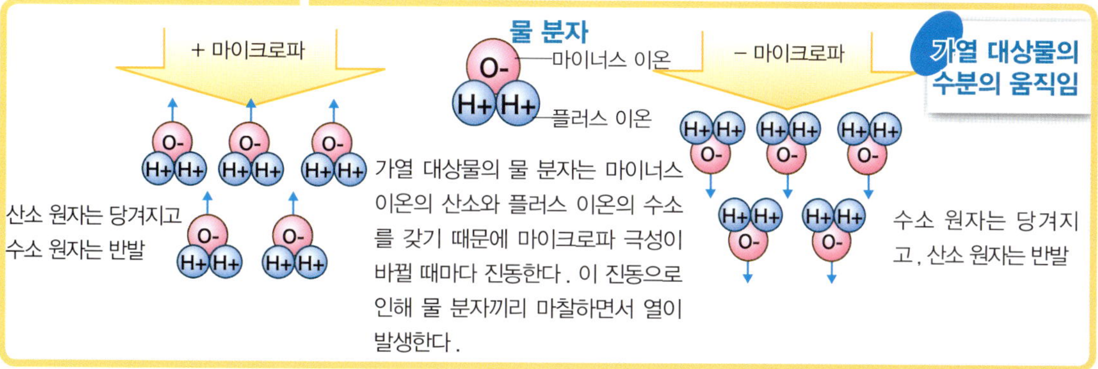

가열 대상물의 수분의 움직임
물 분자
O-
H+ H+
마이너스 이온
플러스 이온
+ 마이크로파
산소 원자는 당겨지고 수소 원자는 반발
− 마이크로파
수소 원자는 당겨지고, 산소 원자는 반발
가열 대상물의 물 분자는 마이너스 이온의 산소와 플러스 이온의 수소를 갖기 때문에 마이크로파 극성이 바뀔 때마다 진동한다. 이 진동으로 인해 물 분자끼리 마찰하면서 열이 발생한다.

마이크로파를 만드는 마그네트론

마그네트론은 원통형인 플러스극과 중심축인 마이너스극으로 이루어진 공진기를 영구자석이 낀 구조다 공진기에 높은 전압을 걸면 마이너스극에서 전자가 방출된다. 이 전자는 영구자석의 자계의 영향을 받아 공진기 안에서 회전하게 된다. 공진기 안을 전자가 회전함으로써 마이크로파가 발생한다.

공진기 안의 전자의 움직임
영구자석의 자계
마이크로파
영구자석
공진기
고전압

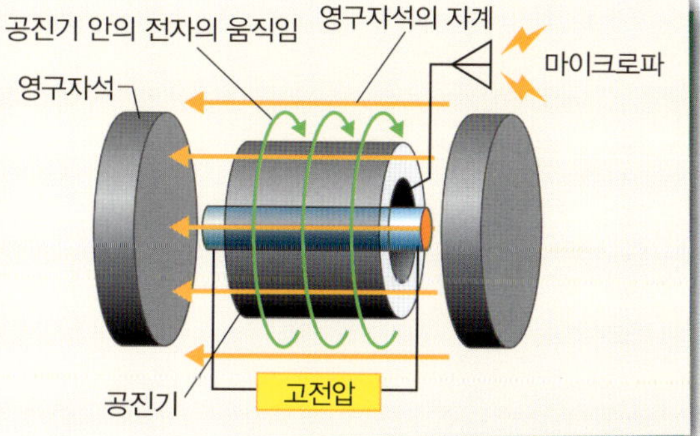

방송·통신에 사용되는 전자파의 발생 원리는?

전계와 자계가 만드는 전자파는 통신수단에도 사용된다.

전파의 발생

전파란 전계와 자계가 교대로 발생하면서 공간으로 전달되는 것으로 전자파 중 하나다.

평행하게 배치한 금속판 2 개에 도선을 연결한 후 교류 전류를 흘려 보내면 플러스극과 마이너스극이 정기적으로 바뀌어 들어가므로 콘덴서와 마찬가지로 전류가 흐르고 있는 것처럼 보인다. 이 가상적인 전류를 **변위 (變位) 전류**라고 한다. 2 개의 금속판은 떨어져 있지만 각각 플러스 전하와 마이너스 전하가 존재하므로 쿨롱 힘에 의해 전계가 발생한다. 이 전계는 자계를 발생시킨다. 나아가 발생한 자계는 새로운 전계를 발생시킨다. 전자파는 이것을 반복하면서 공간으로 전달되어 나간다.

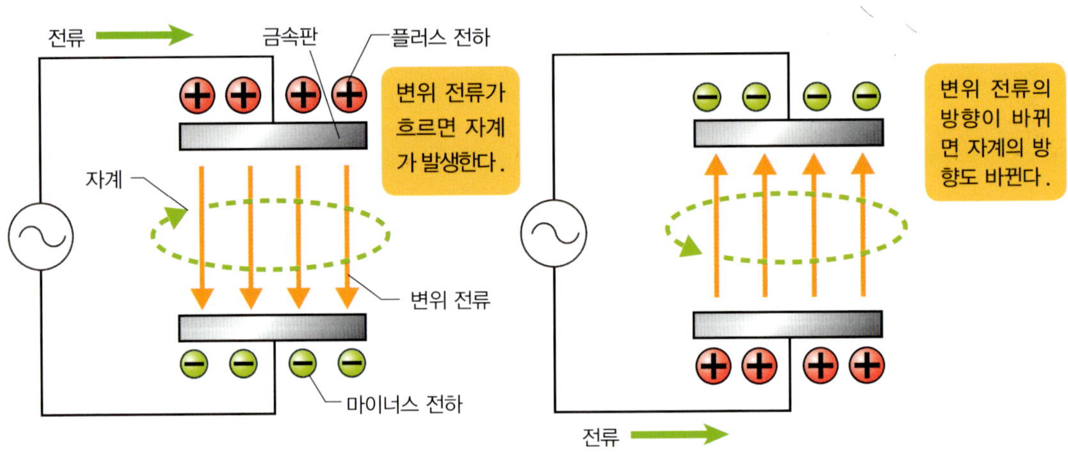

변위 전류에도 전계가 있기 때문에 자계가 발생한다.

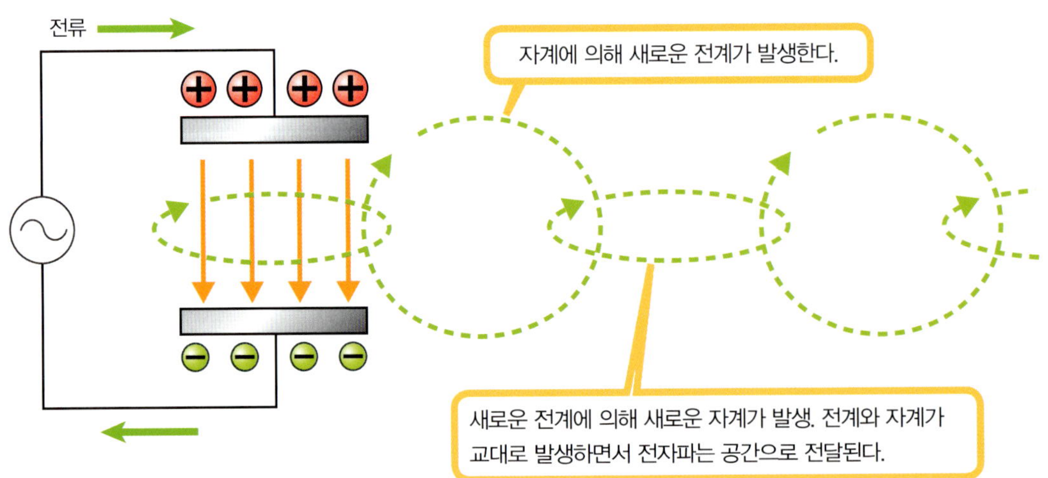

전자파의 주파수와 파장

전자파에는 전파 외에 자외선이나 적외선, X 선 등이 있다. 이 전자파들은 주파수에 의해 분류된다. 전자파도 교류와 마찬가지로 파선을 그린다.

주파수란 1 초 동안 반복되는 파 (波) 의 사이클 횟수이다. 단위는 헤르츠 [Hz] 를 사용한다. 1 초 동안 1 사이클이라면 1Hz, 50 사이클이라면 50Hz 다.

파장은 전자파가 1 사이클했을 때 나아간 거리를 말한다. 전자파는 1 초 동안 30 만 km 를 나아가기 때문에 파장 [m] 은 주파수에서 30 만 km 를 나누면 구할 수 있다.

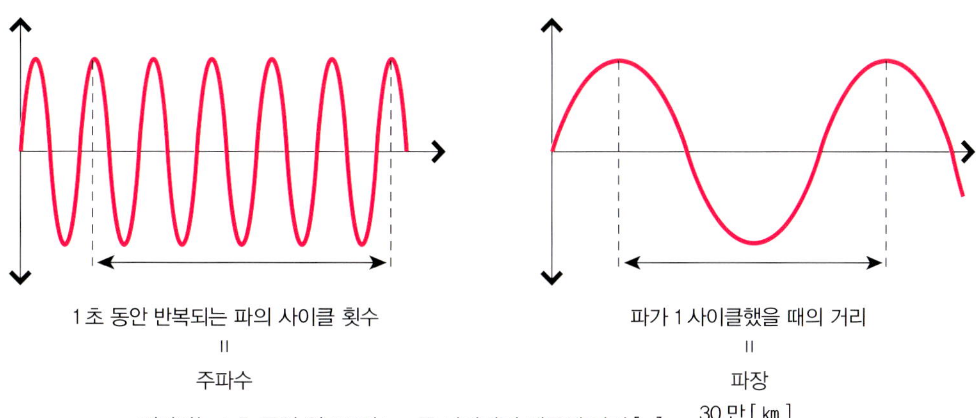

전자파는 1 초 동안 약 30 만 km 를 나아가기 때문에 파장 $[m] = \dfrac{30\,만\,[\,km\,]}{주파수\,[Hz]}$

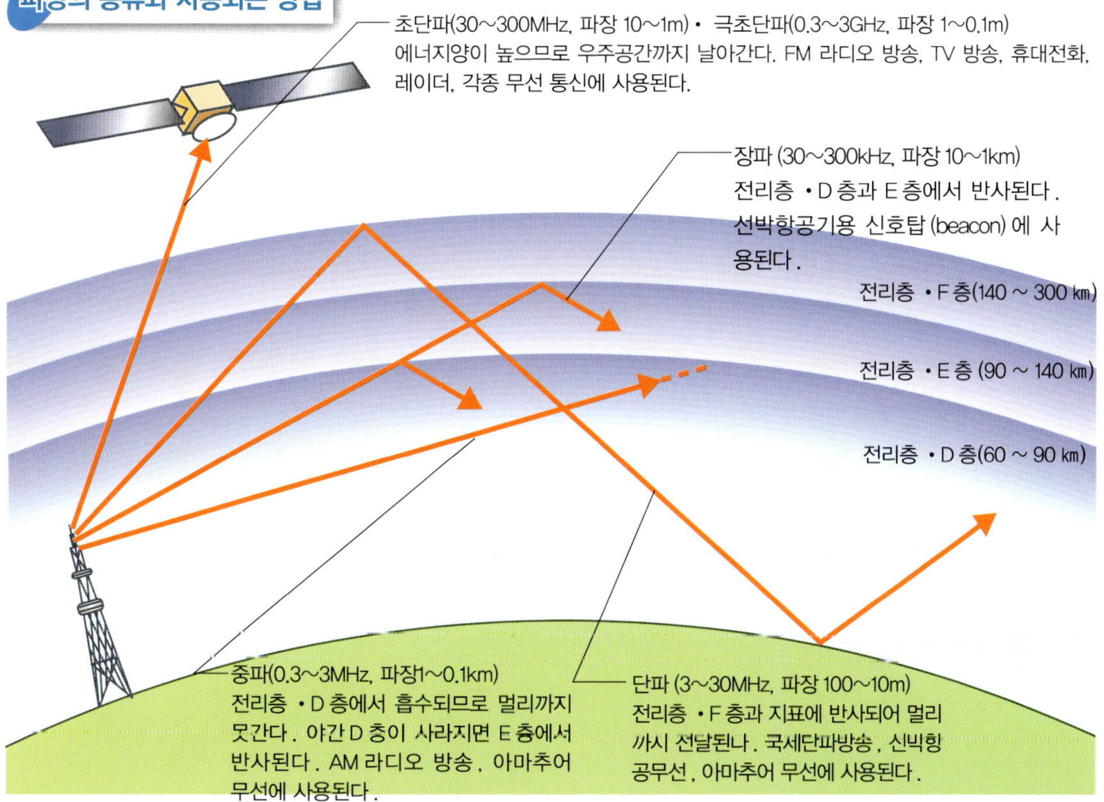

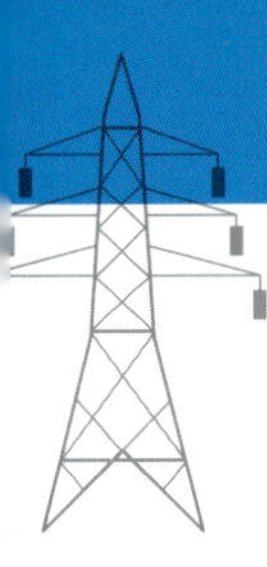

리니어 모터의 작동 원리는?

리이너 모터의 원리는 일반적인 회전식 모터의 원리와 똑같다.

직선적인 운동을 만드는 리니어 모터

리니어 모터의 **리니어 (linear)** 란 단어는 **직선의**라는 의미다. 즉 직선적인 움직임을 하는 모터다.

모터는 보통 고정자인 자극 (磁極) 의 변화에 따라 회전자가 반발 · 흡인하면서 회전운동하는 구조다. 리니어 모터는 이 구조를 바탕으로 고정자의 자극 변화를 통해 가동자 (可動子) 를 앞으로 당긴다.

조도 , 동기 모터의 고정자가 앞으로 당겨진 것 처럼 되어있다.

삼상 동기 리니어 모터는 홈이 있는 철심에 고정자 코일이 배치되어 있다 . 여기에 삼상 교류를 흘려보내면 철심에 자극이 발생한다 . 영구자석의 가동자는 이 자극에 흡인되어 진행된다 .

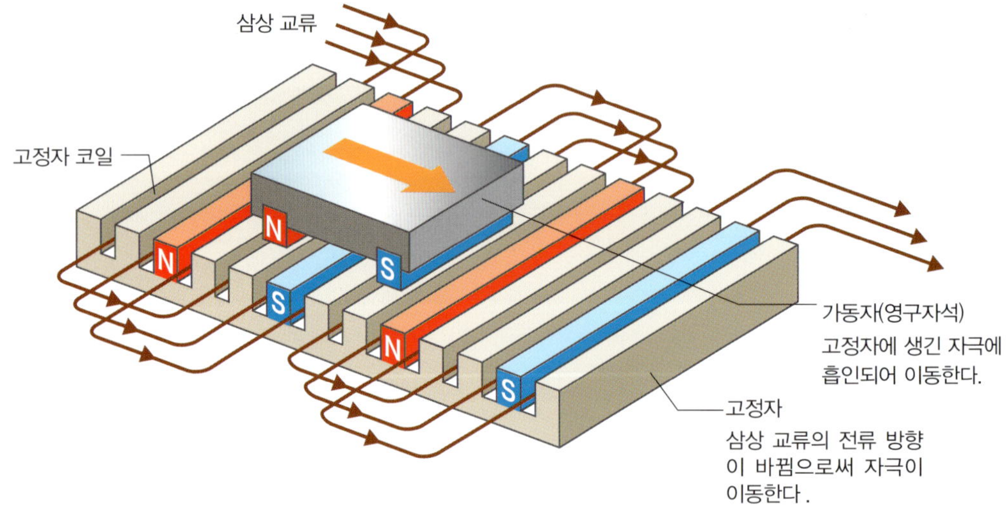

 리니어 모터 카의 구조

리니어 모터 카는 리니어 모터로 움직이는 철도차량이다. 리니어 모터 카에는 초전도체를 이용한 전자석을 사용한다. 금속은 온도가 높아질수록 전기 저항이 커지고 낮아질수록 작아진다. 초전도체는 온도를 초저온으로 낮추어 전기 저항을 「0」으로 한 것이다. 초전도 전자석은 보통 자석보다 큰 자력을 낼 수 있다.

리니어 모터 카는 차량 쪽에 장착된 초전도 전자석과 주행로인 가이드웨이 내부의 추진 코일이 반발·흡인하면서 차량을 나아가게 한다. 또한 가이드웨이 내부의 추진 코일을 덮도록 설치된 부상·안내 코일과 차량 쪽에 장착된 초전도 전자석이 반발·흡인하면서 차체를 부상시킨다.

리니어 모터 카는 차량이 뜨므로 저항도 적어 물 흐르듯이 달릴 수 있다.

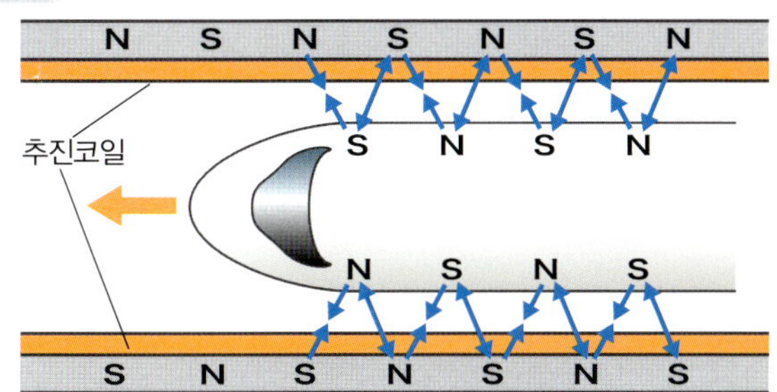

차량의 초전도 자석의 자극이 추진 코일에 생기는 자극과 반발·흡인하면서 리니어 모터는 나아간다.

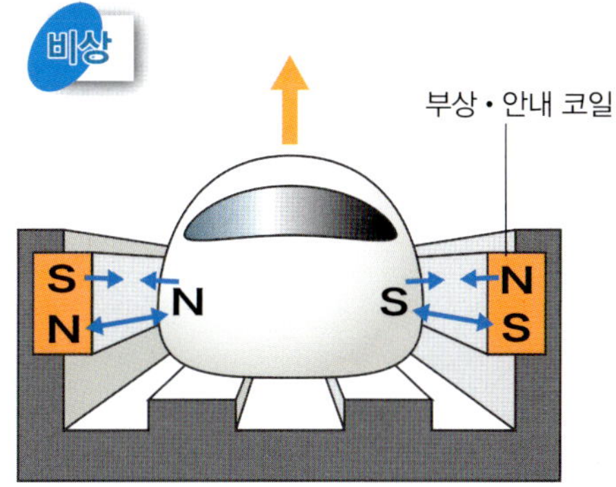

차량의 초전도 자석의 자극은 부상·안내 코일 아래에 생기는 자극과 반발하고 위에 생기는 자극에 흡인된다. 그 결과, 차량이 뜨는 것이다.

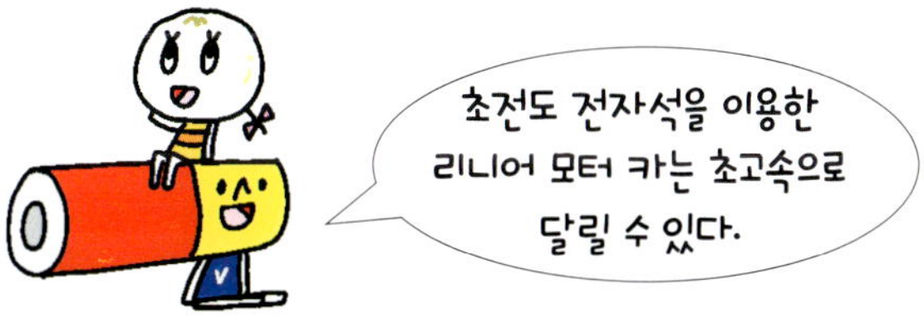

※ 참고자료

『최신도해 전기의 기본과 구조를 쉽게 알 수 있는 책』 후쿠다 쯔쯔무 감수(나쯔메사)
『사상최강 도해 이것만 있으면 알 수 있는 전기회로！』 이즈미 이사오 저(나쯔메사)
『사상최강 컬러도해 프로가 알려주는 전기의 모든 것을 알 수 있는 책』 다니코시 긴지 감수(나쯔메사)
『구조도해 시리즈 전지가 가장 쉽다』 교고쿠 가즈키 저(기술평론사)
『이과자유자재(소학고학년)』 소학교육연구회 편저(수허면구사)
『입문 비주얼 사이언스 전기의 구조』 기쿠치 다다시야 기쿠치 마사노리・다카야마 요이치로 저(일본실업출판사)

※ 사진 제공

아키즈키전자통상(p.51) ／ 알린코(p.55) ／ JT도카이(p.124) ／ 도쿄전력(p.108) ／ 파나소닉(p.32, p.34)
포트 오리지널(p.44, p.45) ／ 포트 라이브러리(p.16, p.24, p.30, p.37) ／ 아이클릭아트(p.75)

전기•전자 개념 사용설명서

전기•전자 해부 매뉴얼

초판발행 _ 2017년 6월 20일
초판 3 쇄 발행 _ 2021 년 7 월 1 일

발행인 _ 김길현
발행처 _ (주) 골든벨
등 록 _ 제 1987-000018 호 ⓒ 2017 Golden Bell

저 자 _ 이과교육연구소   감수・애니메이터 _ 강주원
편집 및 디자인 _ 조경미 , 김선아 , 남동우
교 정 _ 이상호   제작진행 _ 최병석
오프 마케팅 _ 우병춘 , 이대권 , 이강연   웹매니지먼트 _ 안재명 , 김경희
공급관리 _ 오민석 , 정복순 , 김봉식   회계관리 _ 김경아 , 이승희

ISBN _ 979-11-5806-233-0
가 격 _ 17,000 원

주 소 _ 서울특별시 용산구 원효로 245 (원효로 1 가 53-1) 골든벨 빌딩
전 화 _ 영업부 02-713-4135 / 편집부 02-713-7452
팩 스 _ 02-718-5510
이메일 _ 7134135@naver.com
홈페이지 _ www.gbbook.co.kr

DENKI NO ZUKAN by RIKA KYOIKU KENKYUKAI
Copyright © 2013 g.Grape Co., Ltd
All rights reserved.
Original Japanese edition published by Gijyutsu-Hyoron Co., Ltd., Tokyo

This Korean language edition published by arrangement with Gijyutsu-Hyoron Co., Ltd.,
Tokyo in care of Tuttle-Mori Agency, Inc., Tokyo through Botong Agency, Seoul

도서출판
꿈드림
기쁨이 피어나 사랑이 울려라

도서출판
골든벨
기술이 미래다, 사람이 희망이다